U0062616

Rise of Generative AI and ChatGPT

生成式AI的崛起

ChatGPT如何重塑商业

[印] 乌特帕尔·查克拉博蒂 / [印] 索米阿迪普·罗伊 / [印] 苏米特·库马尔 著

赵晓曦 译

中国科学技术出版社

·北 京·

北京市版权局著作权合同登记　图字：01-2023-5145。

图书在版编目（CIP）数据

生成式 AI 的崛起：ChatGPT 如何重塑商业 /（印）乌
特帕尔·查克拉博蒂（Utpal Chakraborty），（印）索米
阿迪普·罗伊（Soumyadeep Roy），（印）苏米特·库马
尔（Sumit Kumar）著；赵晓曦译 . -- 北京：中国科学
技术出版社，2024.3
书名原文：Rise of Generative AI and ChatGPT：
Understand how Cenerative AI and ChatGPT are
transforming and reshaping the business world
ISBN 978-7-5236-0508-0

①生… Ⅱ .①乌…②索…③苏…④赵… Ⅲ .
①人工智能Ⅳ .① TP18

中国国家版本馆 CIP 数据核字（2024）第 042377 号

策划编辑	杜凡如　齐孝天　于楚辰	责任编辑	任长玉
封面设计	奇文云海·设计顾问	版式设计	蚂蚁设计
责任校对	邓雪梅	责任印制	李晓霖

出　　版	中国科学技术出版社
发　　行	中国科学技术出版社有限公司发行部
地　　址	北京市海淀区中关村南大街 16 号
邮　　编	100081
发行电话	010-62173865
传　　真	010-62173081
网　　址	http://www.cspbooks.com.cn

开　　本	710mm×1000mm　1/16
字　　数	245 千字
印　　张	17.75
版　　次	2024 年 3 月第 1 版
印　　次	2024 年 3 月第 1 次印刷
印　　刷	大厂回族自治县彩虹印刷有限公司
书　　号	ISBN 978-7-5236-0508-0 / TP·473
定　　价	78.00 元

献　词

乌特帕尔·查克拉博蒂

献给所有的人工智能爱好者

索米阿迪普·罗伊

献给我的父母、妹妹及亲密友人

苏米特·库马尔

献给国家

致　谢

写书从来都不是一件可以孤军奋战的事情，这本书也不例外。我们要向以下协助我们成书的人献上最深切的谢意。

首先要感谢我们的家人，感谢他们在创作本书的整个过程中给予我们坚定不移的支持与鼓励。他们的爱与耐心是激励我们坚持下去的不竭源泉。

我们也要感谢朋友们及同事们，他们为我们提供了宝贵的反馈与见解。我们想对每一位赋予我们足够动力与积极性，敦促我们完成本书的人表示感谢。

我们还要感谢 BPB 出版社的编辑团队，感谢他们对本书的指导，也感谢他们为本书做出的卓越的贡献。

最后，我们要衷心感谢给我们机会分享自己收获的读者朋友。感谢大家坚定的支持、鼓励和耐心。正是因为诸位的帮助与支撑，我们才得以完成本书。

前　言

　　近年来，全球人工智能（Artificial Intelligence，AI）与机器学习（Deep Learning）技术快速发展。其中最显著的进步之一体现在自然语言处理（Natural Language Processing，NLP）领域，该项技术使机器得以理解、解释并生成人类语言。这一现状催生了更为强大的工具与系统，使机器能够对各种问询及任务做出与人类相似的反应。

　　在这些系统中，ChatGPT 作为领先的语言应用，它为生成式人工智能（以下简称"生成式 AI"）领域带来了颠覆性的改变。ChatGPT 是由 OpenAI 开发的语言应用，它能够理解并生成类似人类的反应，以应对各种问询及任务。其高水平的架构及训练方法使之实现了其他同类产品前所未及的准确性和流畅性，也使它成为各行各业中强大的商业工具。

　　在本书中，我们探讨了 ChatGPT 和其他生成式 AI 技术的兴起，以及它们如何改变了企业的运营方式。我们深入研究了 ChatGPT 的各种应用，包括客户服务、内容创作与营销等。我们还提供了一份全面的指南，来说明企业应如何有效地利用 ChatGPT 来改善其运营，并在竞争中立于不败之地。

　　本书专为商业领袖、企业家和任何有志了解生成式 AI 的力量及其对商业领域的潜在影响的人士而写。书中包含实用范例及现实世界的使用案例，对于任何希望利用 ChatGPT 和其他生成式 AI 技术为其业务服务的人来说，这都是一种宝贵的资源。

目 录

## 第一章

ChatGPT 介绍

1

在过去的几个月里，ChatGPT 是被谈论最多的话题之一。毋庸置疑，它彻底改变了人们对于人工智能系统能为普通大众做些什么的看法。人工智能系统何以拥有如此丰富的知识储备，又如何能够依照情境并以如此成熟的方式生成应答，从回答任意主题的问题到撰写文章、博客、白皮书、软件程序，甚至修复错误的程序代码等无所不能。对于很多人而言，这一过程是充满魔力的。

★ ChatGPT 技术概述

目前，很多人对 ChatGPT 都存在一个非常普遍的困惑，即大家认为它是那种常用的聊天机器人（Chatbots）的高级版本。虽然二者在外表和功能上的确有点儿相似，但实际上，从技术角度来看，ChatGPT 与聊天机器人有天壤之别。ChatGPT 是一种生成式 AI 模型，也就是说它能生成新的反应，而不是仅从列表中选出某个预定义的反应。这使 ChatGPT 的反应更为自然化与多样化，也令其更适合用于开放式的对话。GPT（Generative Pre-training Transformer）指的是"生成式预训练转换器"，这是一种转换器（Transformer，以下称为 Transformer）神经网络（Neural Network）架构，它会应用大型的人类对话数据集（Datasets）进行训练，继而对用户输入的信息生成类似人类的反应。现如今，ChatGPT 对其对话生成过程做了优化，并使用各种在线平台的聊天记录、文件和研究论文等数据集进行了训练。因此，在某种程度上，我们可以说 ChatGPT 所具备的智能来源于你于任意时间在任一社交媒体或消息平台上所展开的对话内容。

从技术角度看，ChatGPT 是基于 Transformer 架构来生成信息的。该架构使用自我注意力机制（Self-attention Mechanisms）来处理具有大量参数（数十亿的数量级）的输入序列，并使用屏蔽式语言建模（Mask Language Modeling，MLM）目标的变种进行训练。在训练过程中，模型会接收一连串的字符令牌（token，以下称为 token），并被要求预测序列中的下一个 token，而输入序列中的某些 token 则会被屏蔽掉。这会迫使模型使用未被屏蔽的 token 的上下文来预测被屏蔽的 token，而这一过程有助于其学习通用的语言表达模式。

ChatGPT 的应用

ChatGPT 可用于多种应用，包括聊天客服机器人、在线教育和社交媒体。它还可用于虚拟助手（Virtual Assistant）及其他对话式人工智能系统。ChatGPT 特别适用于那些必须生成类似人类的反应并保持自然对话流（Conversation Flow）的应用。

总的来说，ChatGPT 是一个非常强大的工具，它可用于创建特殊用途的高级聊天机器人及其他对话式人工智能系统，并有可能彻底改变人类与计算机以及人类之间的在线互动方式。ChatGPT 的一个主要优势就是它有能力处理上下文并保持对话的连贯性。这是因为它已经在大量的聊天记录数据集上进行过训练，所以它已经学会了常见的对话模式，也知道该如何保持对话流的一贯性。

除了能生成自然语言，ChatGPT 还能执行各种语言理解任务，比如命名实体的识别（Named Entity Recognition）、部分语音标记和情感分析（Sentiment Analysis）。这使它能够理解用户输入的信息含义并生成恰当的反应，而不是盲目地重复单词或短语。

ChatGPT 的另一个有趣之处就在于它能够随着时间的推移自主学习与适应。通过不断与用户互动并从对方的反应中学习，ChatGPT 可以提高自身性能，增加自己的准确性和吸引力。这将使它变得更加个性化，也能更好地满足个别用户的需求。

在实现方面，ChatGPT 可以使用各种编程语言和框架并将其集成到聊天机器人系统中。它可以通过应用程序编程接口（Application Programming Interface，以下简称 API）接入或使用深度学习库（如 PyTorch 或 TensorFlow）中的预训练模型进行访问。

在商业环境中，我们可以用多种方法使用 ChatGPT 来改善客户服务、简化流程以及降低成本。

常见的一种使用案例就是创建聊天机器人来处理客户问询及投诉。用户可以将这些聊天机器人集成到企业网站或社交媒体平台上，并给出对常见问题的即时性回应，以此解放出真人客服代表，从而处理更复杂的问题。ChatGPT 理解上下文并给出恰当反应的能力可以使这些聊天机器人更有效地处理各种客户问询。

另一个使用案例是创建聊天机器人以辅助执行内部流程，如员工入职、人力资源任务及日程安排等。举个例子，企业可以使用聊天机器人为新员工提供有关企业政策和流程的信息，或者辅助员工完成休假申请或安排会议。ChatGPT 理解自然语言输入并生成连贯反应的能力使其非常适用该类型的应用。

除了上述用途，ChatGPT 还可以用于创建聊天机器人来处理营销及销售业务。例如，企业可以使用聊天机器人来提供有关产品及服务的信息，或者协助潜在客户的开发及鉴定工作。ChatGPT 有可能极大地提升业务流程的效率及效果，在客服及内部沟通领域尤为如此。它理解上下文并生成类似人类反应的能力，使它成为一种通过创建聊天机器人以协助完成各种任务的强大工具。

商业环境中的 ChatGPT

ChatGPT 很可能已被各行各业的一些企业开发成了各种应用，并辅助诸如客户服务、内部沟通和市场营销方面的业务。

还有一点值得注意：ChatGPT 是 GPT 语言模型的一个变种，而 GPT 模型已经被许多企业和研究人员广泛用于执行各种任务。已经实现 GPT 模型或类似模型应用的企业有很多，比如 OpenAI 公司、Hugging Face 公司，以及谷歌公司（Google）的云语言 API 和亚马逊云科技（AWS）的 Comprehend 等语言模型服务提供商。这些服务商所提供的工具与服务使企业得以直接建立及部署基于语言的人工智能系统，而无须从头开始建立并训练自己的模型。

识记要点

- ChatGPT 是一种生成式 AI 模型，也就是说它能生成新的反应，而不是仅从列表中选出某个预定义的反应。

- GPT 指的是"生成式预训练转换器"，这是一种转换器神经网络架构，它会应用大型的人类对话数据集进行训练，继而对用户输入的信息生成类似人类的反应。

- 总的来说，ChatGPT 是一个非常强大的工具。它可被用来创建特殊用途的高级聊天机器人及其他对话式人工智能系统，并有可能彻底改变人类与计算机以及人类之间的在线互动方式。

- 在商业环境中，我们可以用多种方法使用 ChatGPT 来改善客户服务、简化流程以及降低成本。

- 除了上述用途，ChatGPT 还可以用于创建聊天机器人来执行营销及销售业务。

- ChatGPT 有可能会极大地提升业务流程的效率及效用，在客服及内部沟通领域尤为如此。

- 还有一点值得注意：ChatGPT 是 GPT 语言模型的一个变种，而 GPT 已经被许多企业和研究人员广泛用于执行各种任务。

第二章

生成式 AI 模型的历史

生成式 AI 属于人工智能的一个子领域，它涵盖的过程是，使用深度学习和神经网络等技术从一组给定的输入当中创造出新的内容或数据。生成式 AI 模型可被训练并生成各种形式的输出内容，包括文本、图像、音乐，甚至视频。

▶ 生成式 AI 的历史

生成式 AI 的历史可追溯至 20 世纪 50 年代和 60 年代，即人工智能研究的早期阶段。当时的计算机科学家首次开始探索使用机器来生成新内容的想法。早期的生成式 AI 系统主要集中于简单任务，如模式识别和基于规则的决策。

生成式 AI 的发展

在 20 世纪 80 年代和 90 年代，随着隐式马尔可夫模型（Hidden Markov Models）和贝叶斯网络（Bayesian Networks）等概率模型的开发，生成式 AI 研究变得更加复杂。这些模型使人工智能系统能够做出更复杂的决定，并生成更多样化的输出。

然而，直到 21 世纪的初期，业界才开发出了深度学习算法与神经网络，生成式 AI 才真正开始蓬勃发展。生成式对抗网络（Generative Adversarial Networks，GANs）和变分自编码器（Variational Autoencoders，VAEs）等深度学习模型的出现，使人工智能系统能够生成高度逼真和复杂的输出，如

逼真的图像和自然语言文本。

生成式 AI 的评估

生成式 AI 的评估是一项持续的挑战，因为要客观地衡量所生成结果的质量和创造性是有难度的。然而，人们已经开发出了各种评价指标和技术，包括人类评估（Human Evaluation）、困惑度（Perplexity）和初始得分（Inception Score）的定量指标，以及基于用户体验和偏好的感知指标。

▶ 生成式 AI 的应用

预计生成式 AI 将在未来对各行各业产生重大影响。例如，在娱乐业，生成式 AI 可用于创造独一无二的新内容，如音乐、电影和视频游戏。在时尚业，它可以用于生成新的服装设计，甚至整个时装系列。

在医疗保健行业，生成式 AI 可以根据患者的数据为其创建个性化的治疗方案。而在金融行业，它可以用于生成交易算法以及做出金融预测。

总的来说，生成式 AI 的潜在应用十分广泛，它可能会继续成为人工智能领域研究与发展的一个关键议题。

识记要点

- 生成式 AI 属于人工智能的一个子领域，它涵盖的过程是，使用深度学习和神经网络等技术从一组给定的输入当中创造出新的内容或数据。
- 生成式模型可被训练并生成各种形式的输出内容，包括文本、图像、音乐，甚至视频。

- 生成对抗网络（GANs）和变分自编码器（VAEs）等深度学习模型的出现，使人工智能系统能够生成高度逼真和复杂的输出，如逼真的图像和自然语言文本。
- 生成式 AI 的评估是一项持续的挑战，因为要客观地衡量所生成的产出的质量和创造性是有难度的。
- 预计生成式 AI 将在未来对各行各业产生重大影响。
- 例如，在娱乐业，生成式 AI 可用于创造独一无二的新内容，如音乐、电影和视频游戏。
- 总的来说，生成式 AI 的潜在应用十分广泛，它可能会继续成为人工智能领域研究与发展的一个关键议题。

第三章

生成式 AI 在银行业
和金融业中的应用

3

生成式 AI 在银行业与金融业中有诸多潜在应用，其范围涵盖了从欺诈检测（Defraud Detection）和风险分析到个性化客户服务及投资建议的各个方面。在这篇文章中，我们将探讨该项技术在银行业及金融业中最具前景的一些使用案例，以及这些应用的优势和局限性。

▶ 相关应用及使用案例

让我们来看看生成式 AI 在银行及金融领域的一些使用案例。

欺诈检测和风险分析

在银行业与金融业中，生成式 AI 最具前景的应用之一就是欺诈检测和风险分析。我们可以用它来分析海量的金融数据，以此识别潜在的欺诈或金融犯罪情况。这一过程是通过对交易数据、客户行为和其他因素进行检测，并找出其中可能存在欺诈的运作模式及异常状况来实现的。

比方说，生成式 AI 可用于分析交易数据，进而查出可疑的活动模式，如超出客户常规行为范畴的交易活动。它还可以分析社交媒体信息及其他公共数据源，以此帮助金融机构识别潜在威胁，如用户的负面情绪或机构的信誉风险。

个性化的客户服务

生成式 AI 在银行业与金融业中的另一项前景应用是个性化的客户服务。

使用者可用其来创建聊天机器人及其他自动化系统，为客户问询提供个性化的答复，并按照客户需求给出有针对性的金融产品及服务建议。

比如，生成式 AI 聊天机器人能帮助客户解决基本的金融问题，并依据其具体需求和偏好提供对应的产品和服务建议。这有助于提升客户的满意度和留存率，并为金融机构增收。

投资建议

生成式 AI 也可以根据客户的个人风险概况及投资目标来为其提供投资建议。它可以通过分析大量财务数据，包括历史市场趋势、客户行为及其他可能影响投资决策的因素等来实现这一功能。

例如，生成式 AI 可针对客户的特定风险概况和投资目标为其量身定制个性化的投资组合。这能帮助客户做出更明智的投资决策，以增加实现财务目标的机会。

▶ 优势

以下是生成式 AI 在银行及金融领域中的一些优势。

提高效率

生成式 AI 有助于将诸如欺诈检测和客户服务在内的许多常规任务变得自动化，进而提高银行业及金融业的工作效率，以降低成本并提升整体业绩。

个性化

生成式 AI 可以帮助金融机构为其客户提供更丰富的个性化服务，从而提升客户满意度及留存率。

优化决策过程

生成式 AI 可以提供预测及建议，帮助金融机构在风险管理、投资及其他重要业务功能方面做出更明智的决策。

提升安全性

生成式 AI 可以识别潜在的欺诈行为及其他风险，避免其演变成重大问题，从而提升安全性。这对金融机构及其客户双方都是一种保护。

▶ 局限性和挑战

以下是生成式 AI 为银行及金融领域带来的一些挑战。

数据隐私及安全

生成式 AI 在银行业与金融业中的最大挑战之一就是保护客户的数据并确保数据安全。金融机构必须采取措施以保护客户数据免遭网络威胁和规避其他风险。

伦理担忧

生成式 AI 可能会引发伦理担忧，尤其围绕偏见和歧视等问题。金融机构必须确保 AI 系统的使用方式符合伦理且负责任。

监管合规

金融机构必须确保其 AI 系统符合相关法规，如《通用数据保护条例》（*General Data Protection Regulation*，*GDPR*）和《支付卡行业数据安全标准》（*Payment Card Industry Data Security Standard*，*PCIDSS*）。

技术人才有限

生成式 AI 对熟练的人工智能专业人员的需求很高，而目前银行业和金融业缺乏具备必要技能与经验的专业人员来开发和部署其生成式 AI 系统。

识记要点

- 生成式 AI 在银行业与金融业中有诸多潜在应用，其范围涵盖从欺诈检测和风险分析到个性化客户服务及投资建议的各个方面。
- 在银行业与金融业中，生成式 AI 最具前景的应用之一就是欺诈检测和风险分析。
- 生成式 AI 有助于将诸如欺诈检测和客户服务在内的许多常规任务变得自动化，进而提高银行业及金融业的工作效率。
- 生成式 AI 在银行业与金融业的最大挑战之一就是要保护客户的数据并确保其安全。
- 金融机构必须采取措施来保护客户数据免遭网络威胁和规避其他风险。
- 金融机构必须确保其 AI 系统的使用方式符合伦理且负责任。
- 生成式 AI 对熟练的人工智能专业人员的需求很高，而目前银行业和金融业缺乏具备必要技能与经验的专业人员来开发和部署其生成式 AI 系统。

第四章

生成式 AI 的监管及法律问题

4

生成式 AI 有可能彻底改变各行各业，因此我们需要解决潜在的监管及法律问题，以确保其被符合伦理及负责任地使用。

▶ 隐私与偏见

为了消除潜在弊端，生成式 AI 的使用必须以透明度、问责制和公平性为指导。以下所讨论的例子都可说明这一问题。

知识产权

生成式 AI 模型可以生成文本、图像和音乐等内容，而这些内容可能会侵犯现有内容的知识产权。重点在于，要确保生成式 AI 不被用于生成侵犯版权或商标法的内容。

隐私及数据保护

生成式 AI 模型通常需要大量数据来开展训练，其中可能就包括个人信息。在收集和使用这些数据时，必须确保其遵守隐私和数据保护法。

偏见和歧视

生成式 AI 模型会延续已有的偏见和歧视，尤其当模型是在包含偏见的数据集中接受训练时。重点在于要用避免偏见与歧视的方式来开发与训练生成式 AI 模型。

安全和保障

生成式 AI 模型可用于创建逼真及具有说服力的内容，其中也包括假新闻、深度造假（Deepfakes）和网络钓鱼（Phishing）的攻击。重点在于确保生成式 AI 不被用于恶意目的，并制定恰当的保护措施以防止滥用。

为了解决这些监管及法律限制问题，可以采取一些方法：

·为生成式 AI 的开发和使用制定伦理准则和最佳实践案例。

·建立监管框架，解决生成式 AI 所带来的独特挑战，如对透明度和问责制的需求。

·鼓励各行业、学术界与政府之间展开合作，为在符合伦理和负责任前提下使用生成式 AI 制定标准及最佳实践案例。

·开发技术解决方案，如能够检测和减轻偏见的算法，这有助于确保人们负责任地使用生成式 AI。

要解决生成式 AI 的监管和法律限制需要多方面的努力，它呼唤包括行业、政府及学术界等各利益相关者之间展开合作。通过这样的实践，我们可以确保生成式 AI 的使用方式负责任且符合伦理，从而使全社会受益。

识记要点

- 生成式 AI 有可能彻底改变各行各业，因此我们需要解决潜在的监管及法律限制问题，以确保其被符合伦理及负责任地使用。
- 为了消除潜在弊端，生成式 AI 的使用必须以透明度、问责制和公平性为指导标准。
- 重点在于要用避免偏见与歧视的方式来开发与训练生成式 AI 模型。

● 为了解决这些监管及法律限制，可以采取一些方法：

  – 为生成式 AI 的开发和使用制定伦理准则和最佳实践案例。

  – 建立监管框架，解决生成式 AI 所带来的独特挑战，如对透明
    度和问责制的需求。

  – 鼓励各行业、学术界与政府之间展开合作，为在伦理和责任
    前提下使用生成式 AI 制定标准及最佳实践案例。

  – 开发技术解决方案，如能够检测和减轻偏见的算法，这有助
    于确保人们负责任地使用生成式 AI。

第五章

生成式 AI 和 ChatGPT
在政府部门中的应用

生成式 AI 的应用涉及图像、视频和文本等新内容的创建，政府部门可以通过以下几种方式对其加以利用。

▶ 生成式 AI 的使用案例

以下是生成式 AI 的一些使用案例及应用。

内容创作

生成式 AI 可用于创作政府通信领域的相关内容，如社交媒体上的帖子、网站内容和宣传材料。

图像与视频分析

生成式 AI 可用于分析图像及诸如监控录像一类的视频材料，以检测异常情况或可疑活动。

灾难响应

生成式 AI 可用于生成受灾地区的地图及模型，以帮助政府官员规划与协调救援工作。

欺诈检测

生成式 AI 可用于分析诸如税收记录和交易数据在内的金融数据，以检

测潜在的欺诈或金融犯罪行为。

决策制定

生成式 AI 可用于生成情境或对情境进行模拟，以帮助政府官员做出有关政策和资源分配的明智决定。

预测性分析

生成式 AI 可用于分析海量的数据以界定模式和趋势，如预测潜在的疾病暴发或犯罪热点地区。

个性化服务

生成式 AI 可用于为公众创建个性化的服务，如设置聊天机器人为公众问询提供个性化的答复，或为公众提供个性化的政府服务建议。

▶ 生成式 AI 在政府中的应用：益处及伦理保障

对于希望改善部门运作并更好地服务公民的政府部门来说，生成式 AI 可以成为很有价值的工具。它可以生成新内容并对海量数据进行分析，以帮助政府官员做出更明智的决定，并为人们提供更多的个性化服务。然而，重要的是要确保以符合伦理和负责任的方式来开发及使用生成式 AI，以及提供恰当的保护措施来保护公众的隐私并防止滥用。

ChatGPT 是一种大语言模型（Large Language Model, LLM），政府部门可以通过各种方式对其加以利用。

⭡ ChatGPT 的使用案例

以下给出了 ChatGPT 的一些使用案例及应用。

客户服务

ChatGPT 可用于为公众提供自动客户服务，回答常见问题并给出有关政府项目和服务的信息。

自然语言处理

ChatGPT 可以对大量非结构化数据进行分析，如社交媒体上的帖子和新闻文章，以确定与政府运作相关的趋势和见解。

信息检索

ChatGPT 可用于检索政府数据库和文件中的相关信息，如法律章程和法规文件，以帮助政府公务员更有效地完成他们的工作。

语言翻译

ChatGPT 可用于翻译不同语种之间的文件和通信，帮助政府公务员以更有效的方式与公众以及其他利益相关者沟通。

政策分析

ChatGPT 可用于分析和评估政策建议及立法语言，帮助政府官员对公共政策做出明智的决策。

语音识别

ChatGPT 可用于转录和分析政府官员的演讲和公开讲话，洞察公众对此

的情绪及反应。

虚拟助手

ChatGPT 可用于开发能与公众互动的虚拟助手，以帮助公众更容易地获取政府服务及信息。

对于希望改善部门运作并更好地服务公众的政府部门来说，ChatGPT 可以成为很有价值的工具。它可以处理和分析自然语言，进而帮助政府官员做出更明智的决定，并促使官员与公众进行更有效的沟通。

识记要点

- 生成式 AI 的应用涉及图像、视频和文本等新内容的创建，政府部门可以通过多种方式对其加以利用。例如，内容创建、图像与视频分析、灾难响应、欺诈检测、决策、预测分析、个性化服务以及收益和伦理保障。
- 生成式 AI 可以帮助政府官员做出更明智的决定，并为其公众提供更多个性化的服务。
- ChatGPT 是一种大语言模型，它可用于为政府部门提供多种服务，如自动客服、自然语言处理、信息检索、语言翻译、政策分析、语音识别和虚拟助手等。重要的是，要确保以符合伦理和负责任的方式来开发及使用生成式 AI，以及提供恰当的保护措施来保护公众的隐私并防止滥用。
- 对于希望改善部门运作并更好地服务公众的政府部门来说，ChatGPT 可以成为很有价值的工具。

第六章

人工智能生成内容的真实性

生成式 AI 创建内容的真实性与有效性水平取决于具体的应用和用于开发人工智能模型的训练数据的质量。在一般情况下，生成式 AI 都可以生成高质量的、适用于各种用途的内容，但它们可能并不总是绝对可靠的，也并不总是能符合高度准确的要求。

▶ 生成式 AI 生成内容的局限性与面临的挑战

生成式 AI 能通过学习数据中的模式和关系来生成新的内容，这些内容在风格和格式上都与原始数据十分相似。所生成内容的质量取决于用于开发人工智能模型的训练数据的质和量。如果训练数据准确、多样且足以代表目标受众的需求，那么生成的内容就更有可能逼近真实并且有效。

·生成式 AI 所生成的内容在准确性和可靠性方面是存疑的。例如，人工智能生成的内容可能在语法上正确，却在语义上错误或具有误导性。这在诸如法律或医疗文档这样高度看重准确性和精确度的领域中可能会是一个问题。

·考虑到 ChatGPT 并未根据近期数据做出更新，而且其训练也是广泛基于过往的数据库所展开的，因此，它可能会产出验证不良或更新不及时的数据。当在法律合同或医疗报告这类高度准确的应用场景当中使用 ChatGPT 时，可能有必要引入人工监督和验证流程，以确保内容的准确度和可靠性。

·所生成内容能否在现实维度上具备准确度和有效性取决于用于开发人工智能模型的训练数据的质与量，以及生成内容的具体应用形式。人工监

督与验证是必要的，它们能确保在需要高度准确的应用场景中所生成内容的准确度和可靠性。

·在有些数据中，数据偏见会导致与预期截然相反的结果。这当中的主要挑战之一来自用于开发人工智能模型的训练数据本身可能就存在偏见。如果训练数据有偏见，那么基于它所生成的内容也可能有偏见，而这会导致产生不准确的情况或产生误解。

·此外，生成式 AI 所生成的内容可能并不总能匹配高度准确的需求，因为其中可能存在谬误或是不准确的情况。虽然生成式 AI 可以快速有效地生成大量内容，但它并不总能够准确地展现出复杂的想法或技术信息。

生成式 AI 所生成内容的真实性与有效性的水平取决于具体的应用及用于开发人工智能模型的训练数据的质量。虽然它生成的内容并不总能匹配高度准确的要求，但只要在必要时引入人工监督与验证，以确保其准确度和可靠性，生成式 AI 还可以在许多其他方面发挥效用。

尽管生成式 AI 有诸多潜在的优点及使用案例，但它的使用过程也会引发一些危险和潜在的负面影响。

生成式 AI 的一些主要危险因素包括以下几方面。

传播错误信息

生成式 AI 可用于制造假新闻、假评论和其他形式的错误信息。这可能会为个人、企业及整个社会带来严重后果。错误信息可以通过社交媒体和其他在线平台迅速传播，导致产生混乱、恐慌甚至造成伤害。

放大偏见

如果用于开发人工智能模型的训练数据本身就存在偏见或歧视，生成式 AI 就可能会放大这种偏见或歧视。例如，如果训练数据存在对某些群体的偏见，那么由此所生成的内容也会含有偏见，这会使有害的刻板印象和歧视现象永久化。

创建虚假身份

生成式 AI 可用于创建虚假身份及档案，进而为网络欺诈及其他犯罪活动提供便利。这可能会给个人与企业带来包括经济损失和声誉损害在内的严重后果。

裁员

生成式 AI 有可能将许多任务和工作变得自动化，从而导致产生裁员和失业的现象。这可能会产生重大的社会和经济后果，特别是那些对自动化变革更敏感的行业工人。

安全风险

生成式 AI 可用于执行网络钓鱼攻击、深度造假及其他形式的网络攻击。这类攻击的监测和防御难度很大，同时这类攻击也可能导致重大的经济损失和声誉损害。

要减轻这些危险，重点在于为生成式 AI 的开发与使用制定伦理准则与最佳实践。这包括确保训练数据的多样性和代表性，在必要时引入人工监督及验证流程，并采取安全措施以防止误用和滥用。同样重要的是，要确保生成式 AI 所创造出的利益被公平分配，还要为被自动化的引入所淘汰的工人提供再培训和支持。

ChatGPT 语言模型的开发

一般来说，像 ChatGPT 这样的大语言模型的开发需要研究和工程双方面的努力，它通常是自然语言处理和机器学习两个领域的专家团队合作的

结果。

ChatGPT 是 GPT 语言模型的一个变种，它使用的是 Transformer 架构。Transformer 架构是一种神经网络，它最早由瓦斯瓦尼博士（Vaswani）等人在《你所需的一切就是注意力》（*Attention is All You Need*）一文中提出。这个架构现在已在自然语言处理任务中得到了广泛应用。

Transformer 架构使用自我注意力机制来处理输入 token 并进行预测，它对包含语言翻译、语言建模和文本总结在内的语言任务的有效性已得到了证明。

在 ChatGPT 的运行过程中，Transformer 架构的功能是对用户输入生成类似人类的反应。该模型使用大量的聊天记录数据集进行训练，并将生成的对话进行了优化。

除了 Transformer 架构，ChatGPT 也可以使用其他类型的人工智能模型与技术（如语言理解模型）来执行命名实体的识别和情感分析等任务。

识记要点

- 生成式 AI 创建内容真实性与有效性的水平取决于具体的应用和用于开发人工智能模型的训练数据的质量。
- 生成式 AI 所生成的内容在准确性和可靠性方面是存疑的。
- 生成的内容很难体现细微的差异，也很难结合语境做出应答。
- 尽管存在这些限制与挑战，生成式 AI 在许多应用中仍是有用和有效的。
- 尽管生成式 AI 有诸多潜在的优点及使用案例，但它的使用过程也会引发一些危险和潜在的负面影响。
- 生成式 AI 的一些主要危险包括传播错误信息：生成式 AI 可用

于制造假新闻、假评论和其他形式的错误信息。

● 要减少这些危险，重点在于为生成式 AI 的开发与使用制定伦理准则与最佳实践案例。

● ChatGPT 是 GPT 语言模型的一个变种，它使用的是 Transformer 架构。

● ChatGPT 也可以使用其他类型的人工智能模型与技术（如语言理解模型）来执行命名实体的识别和情感分析等任务。

## 第七章

ChatGPT 技术概述

7

人工智能或机器学习通过多种形式的文本、图像或语言资源提供自动化的监督式学习（Supervised learning）和无监督式学习（Unsupervised learning）模式。这些学习可能涉及不同类型的数据，如数值数据、背景数据、特征数据及模式数据。自然语言处理一直是人工智能领域中的一个子领域，在专注计算机和人类语言互动的领域中，其所占的市场份额及解决方案数量大约占比 20%。

▶ 自然语言处理简介

自然语言处理通过使用计算技术使计算机能够理解、解释并生成人类语言。它是人工智能的关键部分之一，负责处理语言任务，将分析过程自动化，并从任意短语中获取有意义的背景信息。这些任务涉及情感分析、情境绘图、聊天机器人、内容预测、字幕添加、答案生成、机器翻译和内容分类等，并被应用到诸如银行、金融、客服、健康与医疗、教育和其他实体行业之中。近年来，得益于大型数据集、强大的计算资源及先进机器学习算法的出现，自然语言处理领域已经取得了重大进展。凭借其处理及理解人类语言的能力，它逐渐弥补了人类与机器之间的鸿沟，使我们与技术的互动更直观和自然。

▶ 自然语言处理的演变

据斯坦福大学（Stanford University）的说法，对自然语言处理的首个需求始于第二次世界大战期间，起因是各国急缺翻译资源。让我们回到 20 世纪 50 年代去看一看，当时，研究人员开始探索用计算机来理解和生成人类语言的可能性。1950 年，阿兰·图灵（Alan Turing）提出了"图灵测试"（Turing Test），这是一个机器智能基准测试，它检验的是计算机与人类进行无差别对话的能力。这促成了早期自然语言处理系统的发展，如 20 世纪 60 年代开发出的"艾丽莎"程序（以下称为 ELIZA）就模拟了计算机和人类治疗师之间的对话。

到了 20 世纪 70 年代，研究人员开始开发更先进的自然语言处理算法，比如"积木世界操纵程序"（SHRDLU），它可以理解自然语言命令并在模拟环境中操纵虚拟物体。20 世纪 80—90 年代，研究人员专注于开发语言处理的统计模型。至此，计算机获得了从人类语言的大型数据集中学习的能力。

在 21 世纪初期，随着深度学习算法的发展以及诸如维基百科（Wikipedia）和社交媒体数据等大型数据集的出现，自然语言处理领域取得了重大进展。这些进步促进了更复杂的自然语言处理应用的发展，如语言助手、聊天机器人和机器翻译。

在过去 10 年（2012—2022 年）的后半段，自然语言处理领域仍在不断进步，研究人员在深度学习、迁移学习（Transfer Learning）和预训练等领域都取得了重大进展。

自然语言处理中最重要的发展之一是大型预训练语言模型的出现，如基于 Transformer 的双向编码表示技术（Bi-directional Encoder Representations from Transformers，BERT）、第二代 GPT（Generative Pre-trained Transformer 2，GPT-2）和第三代 GPT（Generative Pre-trained Transformer 3, GPT-3）。这些模型在海量的文本数据上进行训练，可执行包括文本分类、问题回答和语言生成在内的广泛的自然语言处理任务。它们的问世使研究人员能够在各种自然语言处理基准上获取顶尖成果（表 7-1）。

表 7-1　领先的大参数自然语言处理模型对照表

模型英文名称	模型中文名称	模型英文名称	模型中文名称
BERT	基于 Transformer 的双向编码表示技术	Fairseq	Meta 开发的一款智能翻译模型
GPT-1	OpenAI 开发的 GPT 系列模型	Anthropic-LM	OpenAI 的重要对手 Anthropic 开发的语言模型
GPT-2	OpenAI 开发的 GPT 系列模型	GPT-J	EleutherAI 开发的 GPT-3 的开源替代品
T5	IDEA 研究院开发的中文模型	BlenderBot2.0	Meta 开发的一款开源聊天机器人
Megatron	英伟达开发的威震天模型	XGLM	由清华大学开发的一款广义线性模型
ruGPT	GPT 系列的俄语模型	NOOR	一款阿拉伯自然语言处理模型
Plato-XL	百度开发的对话训练模型	SeeKeR	一个直接搜索互联网作为知识库的 ODQA 模型（搜索引擎→知识→响应）
Macaw	艾伦人工智能研究所开发的金刚鹦鹉模型	Gato	Deepmind 开发的一款多模态智能大模型
Cohere	人工智能基础模型公司 Cohere 开发的模型	FIM	制造集成模型
GPT-NeoX-20B	一种自回归 Transformer 模型	Z-Code++	微软开发的一款智能模型
CM3	一种用于多模态文档的 Transformer 模型	AlexaTM	亚马逊开发的一款大型模型
VLM-4	一种多模态具象化视觉语言模型	VIMA	英伟达、斯坦福大学、玛卡莱斯特学院、加州理工、清华大学和得克萨斯大学奥斯汀分校的研究人员共同提出的一个基于 Transformer 的通用机器人智能体
mGPT	GPT 系列模型	WeLM	微信（WeChat）推出的大语言模型
Atlas	Meta 开发的检索增强语言模型	GPT-3	OpenAI 开发的 GPT 系列模型
Cedille	一种编程开发语言	LaMDA	谷歌开发的对话应用语言模型
GAL	一种要素结构化作品生成模型	PaLI	谷歌开发的路径语言和图像模型
Jurassic-1	以色列的 AI21 Labs 发布的一款自回归语言模型	Gopher	Deepmind 开发的自然语言处理模型
MT-NLG	微软与英伟达共同研发的威震天 - 图灵大语言模型	PaLM	谷歌开发的路径语言模型
Luminous	芯片初创企业 Luminous Computing 开发的一款模型	PaLM-Coder	PaLM 的升级版
Minerva	谷歌开发的深度学习模型	GLM	由清华开发的一款广义线性模型

续表

模型英文名称	模型中文名称	模型英文名称	模型中文名称
Chinchilla	Deepmind 开发的龙猫语言模型	OPT	开放式预训练 Transformer 模型
Flamingo	Deepmind 开发的一种用于小样本学习的视觉语言模型	BB3	谷歌开发的一款聊天机器人
BLOOM	一种自回归大语言模型	UL2	谷歌开发的统一语言学习范式模型
NLLB	Huggingface 开发的一款机器翻译模型	YaLM	俄罗斯 Yandex 研发的神经网络大模型

注 模型名称中英文对照见此表。

自然语言处理的另一重要发展是对迁移学习的使用，所谓迁移学习，就是首先在某个大型数据集上对模型进行预训练，接着针对某个特定任务进行微调。这种方法已经被用于完成高性能自然语言处理任务，包括情感分析、命名实体的识别及文本分类。

除了上述进展，研究人员还专注于提高自然语言处理模型的稳健性和公平性。这包括开发相应方法以检测和减轻语言数据和模型中的偏见，并确保来自不同语言和文化背景下的人都能自由应用该领域的相关程序。

总的来说，上述自然语言处理领域的进展为开发更复杂、更准确的基于语言的应用提供了新的可能性，从聊天机器人到虚拟助手的进化均如此。而在未来几年，它可能还会对许多行业产生深远的影响。比如，从那时起的 LUNAR——科学定性数据、ELIZA——首个聊天机器人、今天基于复杂模型的智能 Alexa，以及基于高级复杂神经网络的对话机器人 Siri。ChatGPT 是现代先进的自然语言处理架构之一，基于 ChatGPT，我们能够在定量与定性的双维度上以更高的准确度和精确度来执行非常高水平的任务，其生成的结果也更接近人类的感知与解释。在这个过程中，自然语言处理技术凭借由神经网络、长短期记忆网络（LSTM）模型、编码 – 解码（encoder-decoder）模型、注意力模型（Attention model）、Transformer 模型（Transformer model）、谷歌的 BERT 模型及微软的 imageBERT 模型，实现了从 Word2Vec

模型到如今 ChatGPT 的进化，这是一个循序渐进从未停止的过程。

▶ GPT 和 ChatGPT

GPT 是一个复杂的神经网络架构，现已发展到了 4.0 版本（即指导型 GPT，以下称为 InstructGPT），而 ChatGPT 正是基于这一架构所开发的。这个 GPT 模型以谷歌在 2017 年创建的 Transformer 模型为基础和初级元素。Transformer 模型以《你所需的一切就是注意力》一文中所提到的基于注意力的模型直觉为基础。

OpenAI 的 GPT 系列

在 2019 年至 2022 年，OpenAI 为整个 GPT 系列构建了大量技术模型，并在许多微观层面上进行了超参数调整。完整的 GPT-3 模型的参数量约为 175B，这比谷歌在 2018 年推出的 BERT 语言模型高出了 50 倍左右；然而在自然语言处理研究中，的确存在一些负载量很高的语言模型，比如英伟达（NVIDIA）开发的"威震天——自然语言生成模型"（Megatron-NLG，以下简称 Megatron），它的参数量是 530B，由 560 个 DGX A100 服务器组成。每个服务器包含 8 个 80G 的 A100 中央处理器，可自动完成短语和句子的书写。另一个高度多任务自然语言处理模型的例子是谷歌的路径语言模型（Pathways Language Model，以下简称 PaLM），它将参数量扩展到了 540B，在全球最大的张量处理单元（TPU）上训练，包含 6 144 个芯片。谷歌还推出了对话应用语言模型（Language Model for Dialogue Applications，LaMDA）。相比于通常提供基于任务的答复的传统模型，该模型能以自由的方式生成对话式聊天内容，其参数量约为 137B。以下是阿兰·D. 汤普森（Alan D. Thompson）博士在其博客中所给出的气泡图，该图所展示的是对语言模型中大参数重载模型最新发展的估计（图 7-1）。

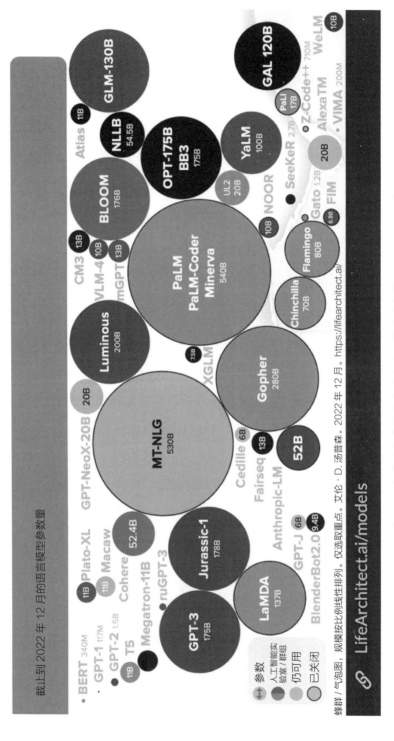

图 7-1　领先的大参数自然语言处理模型（来源：Lifearchitect.ai）

▶ 其他高级自然语言处理模型简述

以下描述了自然语言处理领域中现有的其他高级模型，并对其结构、能力及技术上的测试性能进行了探讨（表 7-2）。

表 7-2　自然语言处理领域中的其他高级模型

名称	细节
BERT（Bi-directional Encoder Representations from Transformers，基于 Transformer 的双向编码表示技术）	BERT 模型 这是一种在 Transformer 中对输入 token 进行随机屏蔽的双向训练模型； 该模型有大约 24 个 Transformer 模块，1 024 个隐式单元，340M 的参数，并使用 33 亿字的语料库进行训练。 性能 通用语理理解评估（General Language Understanding Evaluation，以下简称 GLUE）基准得分为 80.4%，比之前的最佳结果多出 7.6%；在斯坦福问答数据集（SQuAD，以下简称 SQuAD）1.1 基准测试中的准确率为 93.2%，比人类解释的准确率高出 2%。 能力 BERT 作为建立情感分析的工具能提供更好的角度，它在使用聊天机器人为客户提供更佳体验方面的效率也更高
XLnet（Generalized Auto-Regressive Pretraining for Language Understanding，广义的自回归预训练模型）	模型 该模型综合了广义 Transformer 与 BERT 的核心概念，将前者的自回归技术与后者的双向性相结合，以解决了两者的限制。 性能 该模型成功完成了 18 个不同的自然语言处理任务，获得了最佳成绩，并在 20 个任务上的表现都超过了 BERT。 能力 XLnet 在问题回答、情感分析、优先级排列等任务上的表现更好，因而非常适用对话式商业应用
RoBERTa（Robustly optimized BERT approach，强力优化的 BERT 方法）	模型 该模型的训练数据集数量比原先的 BERT 更多，其训练的迭代时间大约是 BERT 的 10 倍； 训练批次数增至 8 000，字节对编码（Byte-pair-encoding，BPE）词汇量超过 50k 个子词单元（subwords units）。 性能 恰如预期，该模型在各方面的表现几乎都超过了 BERT。 能力 RoBERTa 可用于与 BERT 和 XLnet 类似的使用案例，且预期具有更好的性能表现

续表

名称	细节
ALBERT （A Lite BERT，轻量级 BERT 模型）	**模型** 为了减少大型自然语言处理模型中不必要的长度参数，打破自然语言处理模型构建中的摩尔定律（Moores law），我们引入了ALBERT。它内含参数约简机制，比如因式嵌入参数化和跨层参数共享等。 **性能** 在性能不明显下降的情况下，ALBERT 通过数量是原来 1/18 的参数和将训练速率提升 1.7 倍的方法解决了模型冗余的问题； 它在 SQuAD 基准测试中取得了 92.2 分（F1）的成绩，在 GLUE 基准测试中的成绩是 89.4 分。 **能力** ALBERT 可用于与 BERT 和 XLnet 类似的使用案例，且预期具有更好的性能表现
PaLM （Pathways Language Model，路径语言模型）	**模型** 该模型的训练参数量约为 540B，为了适应训练阶段，模型在两个云 TPU v4 pods 上采取了数据并行化的策略，并最终实现了 57.8% 的有效硬件训练利用率。 **性能** 在 29 个主要自然语言处理任务中，它有 28 项的表现都超过了许多大型模型。在诸如更强的 GLUE 基准测试（SuperGLUE）和超越模仿游戏基准（Beyond the Imitation Game Benchmark，BIG-bench）这样与其他任务存在显著差距的基准任务中，它的表现也是明显更优的； 相比改良后的 Codex 12B，PaLM 所需用于训练的 Python 代码数量是原来 1/50，但其性能还是超过了前者，这表明在从其他计算机语言和自然语言数据中转移知识方面，大语言模型的效率更高。 **能力** PaLM 可应用于各种下游活动，包括对话式人工智能、问题回答、机器翻译、文件分类、广告文案制作、代码问题纠正等。这与其他新发布的预训练语言模型是很相似的
MegaTron （威震天）	**模型** 该模型包含 5 300 亿个参数，105 个层级，20 480 个隐藏维度，128 个注意头（attention heads）。模型结合了 8 路张量与 35 路流水并行，序列长度为 2 048，批量大小为 1 920。模型在 15 个数据集上进行训练，这些数据集共包括 3 390 亿个 token。 **性能** 它在诸如 LAMBADA、高中考试多项选择式阅读理解数据集（ReAding Comprehension dataset from Exams-high school，以下简称 RACE-h）、BoolQ、物理交互：问答（Physical Interaction:Question Answering，以下简称 PiQA）、HellaSwag、WinoGrand、对抗自然语言推断任务 -R2（Adversarial Natural Language Inference，以下简称 ANLI-R2）、自然语言接口系统的启发式分析数据集（Heuristic analysis of NLI systems，HANS）和词义猜测（Words in Context，WiC）这类基准算法的

续表

名称	细节
MegaTron（威震天）	少样本学习、零样本学习以及单样本学习测试中都有极佳的表现。它在与 LAMBADA、PiQA 和 HellaSwag 的比拼中表现特别突出，尤其是在预测最后一句话、问题回答和逻辑推理等任务上。 能力 Megatron 可用于处理各种下游任务，包括对话式人工智能、问题回答、机器翻译、文档分类、广告文案制作和代码问题纠正等。这与其他新发布的预训练语言模型是很相似的。它在抗数学干扰任务上的表现也很好。

识记要点

● 自然语言处理一直是人工智能领域中的一个子领域，在专注计算机和人类语言互动的领域中，其所占的市场份额及解决方案数量大约占比 20%。

● 自然语言处理通过使用计算技术使计算机能够理解、解释并生成人类语言。

● 近年来，得益于大型数据集、强大的算力资源及先进机器学习算法的出现，自然语言处理领域已经取得了重大进展。

● 凭借其处理及理解人类语言的能力，自然语言处理逐渐弥补了人类与机器之间的鸿沟，使我们与技术的互动更直观和自然。

● 在 21 世纪初期，随着深度学习算法的发展以及诸如维基百科和社交媒体数据等大型数据集的出现，自然语言处理领域取得了重大进展。

● 在过去 10 年（2012—2022 年）的后半段，自然语言处理领域仍在不断进步，研究人员在深度学习、迁移学习和预训练等领域都取得了重大进展。

● 诸如 Transformer 模型、GPT-2 和 GPT-3 等预训练语言模

型在海量的文本数据上进行训练，可执行包括文本分类、问题回答和语言生成在内的广泛的自然语言处理任务。

- 除了上述进展，研究人员还专注于提高自然语言处理模型的稳健性和公平性。

- 对上一个问题的探索包括开发相应方法以检测和减轻语言数据和模型中的偏见，并确保来自不同语言和文化背景下的人都能自由应用该领域的相关程序。

- 总的来说，自然语言处理领域的进展为开发更复杂、更准确的基于语言的应用提供了新的可能性，从聊天机器人到虚拟助手的进化均如此，而在未来几年，它可能还会对许多行业产生深远的影响。

第八章

GPT 系列的历史沿革及发展

GPT 是当今最流行的自然语言处理模型之一。本章深入阐述了 GPT-1 和 GPT-2 模型的复杂性，并对其架构、训练阶段、实施说明与评估等内容进行了讨论。GPT-1 首发于 2018 年 6 月，其设计意图在于通过微调和生成式预训练发展强大的自然语言理解基础。它通过不同层次的无标签文本语料库进行训练，使其能够对单词与短语间的模式及关系进行学习。该模型能够生成连贯的文本和完整的句子，这使其尤为适用聊天机器人、语言翻译和总结概括类的广泛应用。

GPT-2 发布于 2019 年 2 月，相比其前身，它拥有更大的数据集和更多的参数。GPT-2 能生成更长、更连贯的句子，还能同时处理多项任务。总的来说，本章对 GPT-1 和 GPT-2 模型的技术方面做了详尽的概述。在这一章中，我们重点描述了这两个模型的优点和局限性，并讨论了它们在各个领域的潜在应用。对于任何对自然语言处理和机器学习感兴趣的人来说，了解这些模型的工作原理都至关重要。

➤ GPT-1

发布日期：2018 年 6 月

2018 年，GPT 系列发布了其首个模型，即 GPT-1。该模型在不同层次的无标签文本语料库上进行训练，其设计意图在于通过微调和生成式预训练发展强大的自然语言理解（Natural Language Understanding，NLU）基础。

基本框架

GPT-1 模型实际上是用了一个包含 12 层加码器和伪自我注意力机制的 Transformer 架构来训练语言模型。它使用内含 7 000 本未出版书籍在内的 BookCorpus 数据集进行训练，以此探索模型如何在未经认可及未见过的数据环境下工作，进而优化模型并使其在更广泛维度上适应上下文语境。

模型训练阶段

GPT-1 模型有三个训练阶段（图 8-1）：

1. 在高语料库文本数据上对模型进行预训练，其中文本被标记化并被储存到似然函数中进行优化。

2. 在这一阶段中，模型会展开微调，使其习惯于使用带标签的数据进行鉴别性任务——这些数据经由一个 Transformer 模块转入 L2 最大化，再注入最终的线性优化目标函数。

3. 特定任务的输入转换包含有组织地输入，如文档的三联组、有序的句子对、问题和针对特定任务（如问题回答或文本蕴含）的回答。为了维持每一序列，每个输入序列的 token 都被强化为一个既有开始和结束 token，也有分隔符 token 的模式。

模型实施说明

模型使用 768 维状态将 token 编码为词向量，并用包含 12 个注意头在内的 3 072 维状态来标记位置前馈层。模型应用了 adam 优化器，其学习率为 2.5e-4，该学习率随余弦时间表（Cosinusoidal Schedule）在 0 到 2 000 内的更新而增加。模型采用注意、残差、包含了 40 000 个合并（Merges）与嵌入（Embedding）、丢失率为 0.1 的 BPE 词汇表进行正则化，并使用高斯误差线性单元（Gaussian Error Linear Unit，GELU）来激活函数。该模型在

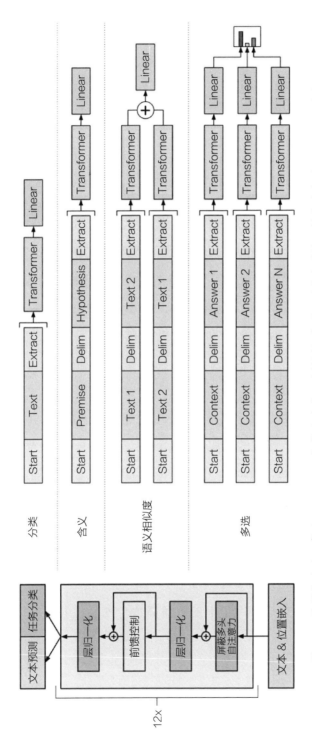

图 8-1 该图定义了正常的 Transformer 架构及用于不同微调任务的不同信息的输入模式（来源：GPT-1 论文）

批次大小（Batch-size）为 64、序列长度为 512 的数据集上训练了 100 个 epoch[①]。模型的参数量为 117M。

对于微调部分，从预训练中可观察到相同的超参数设置。丢失率为 0.1，学习率为 6.25×10^{-5}，批次大小为 32。微调历经 3 步 epochs，使用线性学习率衰减时间表调度，并在训练 0.2% 位置通过 Warmup 算法迅速实现。

评价

该研究显示了预训练是如何提高模型在各种自然语言处理任务中的零样本学习性能的，包括情感分析、问题回答和模式解析。该架构能够在相对较少微调的前提下执行一系列的自然语言处理任务，并支持迁移学习。这个模型证明了生成式预训练的功效，并为未来的模型创造了机会，使其能够利用更大的数据集和额外的参数更好地实现这一功能。在对模型进行对比的 12 项任务中，GPT-1 在其中 9 项任务上的表现优于经过专门训练的有监督的最先进的模型。

开发者们使用了最近开放的 RACE 数据集，该数据集包含英语文本和与初、高中考试相关的问题。事实证明，这个语料库比卷积神经网络（Convolutional Neural Network，CNN）或 SQuAD 等其他数据集包含更多的推理多样性问题。这使其成为该模型的理想测试场，也使其在训练之后能够获得处理长程语境的能力。此外，他们还使用了叙事完形测试（Narrative Cloze Test）进行评估，该测试要求从包含几个句子的两种故事的可能性中选取正确的结论。GPT-1 模型在这些任务上的表现再次明显优于之前的最佳结果，在故事完形上的收益高达 8.9%，在 RACE 上的整体收益为 5.7%。

---

① 一个完整的数据集在神经网络中往返一次称为 1 个 epoch。——译者注

▲ GPT-2

发布日期：2019 年 2 月

在 2019 年，GPT 推出了它的新一版模型，即 GPT-2。该模型在更大的数据集上进行训练，参数也丰富了许多，模型总体实现了优化。在 GPT-1 的典型即兴创作任务上，GPT-2 的创建基本上是为了同时解决多个任务（如问题回答、机器翻译、阅读理解和总结概括），并试图达到更接近人类能力的任务处理水平。它的参数数量是 GPT-1（或小型 GPT-2）的 10 倍以上。

基础框架

GPT-2 的基础模型类似于最初的 GPT 模型，它是一个基于 Transformer 的架构，只包含了解码器模块。为了执行任务，需要将学习目标调整为 P[（输出 | 输入，任务），（output|input, task）]。这种修改被称为任务条件作用（Task Conditioning），它期望模型对不同任务的相同输入产生不同的输出。一些模型会使用任务条件作用，在架构层面上同时给予模型任务和输入。对于语言模型来说，任务、输入和输出的都是语言节点。因此，语言模型的任务条件作用是通过给模型提供自然语言的例子或指令来进行的。GPT-2 中提到的零样本学习任务迁移的基础就是任务条件作用。

GPT-2 的零样本学习任务迁移能力十分耐人寻味。零样本学习任务迁移中存在一个特例：零样本学习会在完全不给例子，并指示模型去执行任务的情况下发生。为了进行微调，GPT-2 的输入以一种预期模型能够理解任务性质并提供答案的格式呈现，而不是像 GPT-1 那样改变序列。这样做是为了模仿零样本学习任务的迁移行为。例如，给模型一个英语句子，接着给出"法语"这个单词，以及一个将英语翻译成法语的任务提示。我们预期模型能够理解该任务的翻译要求，并给出与该英语语句相匹配的法语表达，并期望这些任务将在无监督的方式下执行。

为了创建一个实质性的、高质量的数据集，作者对 Reddit 网站（至少有 3 个因果关系的帖子）进行抓取，并从高赞帖子的出站链接中收集数据。最终生成的数据集名为 WebText，包含来自 800 多万篇文章的 40GB 的文本数据。这个巨大的数据集被用来训练 GPT-2 模型，这与用来训练 GPT-1 模型的图书语料库数据集截然不同。由于测试集中已经普遍存在来自维基百科的材料，所以 WebText 删除了所有的维基百科内容。模型采用万国码（Unicode）机制进行编码，这一机制将词汇库从 256 个增加到了 13 万个。

模型规格

GPT-2 中有 15 亿个参数，是 GPT-1（117M 参数）的 10 倍。该模型中的一些主要元素与 GPT-1 相似，但也有一些明显不同的地方。

· GPT-2（用于 GPT large）有 48 层，其在词嵌入任务上所使用的向量是 1 600 维，它使用更大量级的词汇表，标记了高达 50 257 个 tokcn。

· 批次大小更大增至 512；分词上下文窗口大小从原先的 512 增至 1 024。

· 层归一化（Layer normalization）被移到每个子块的输入端，并在最终的自注意力块后增加了一层归一化。

· 始化时，残差层的权重按 $1/\sqrt{N}$ 缩放，其中 N 为残差层数。

目前，我们已采用约为 117M（GPT-1）、345M、762M 和 1.5B（GPT-2）四类参数来训练四种语言模型，其层数分别为 12 层、24 层、36 层、48 层，维度分别为 768 维、1 024 维、1 280 维、1 600 维。每一个连续的模型都比之前的模型更加清晰。这表明，随着参数数量的增加，同一数据集上的语言模型的复杂性也会降低。另外，参数最多的模型能更好地完成每一个下游任务。

评价

GPT-2 在许多下游任务数据集上进行了评估，如阅读理解、总结、翻译和问题回答类数据集。该模型已经通过了许多不同类型的目标和数据库的测试。

·在"零样本学习"设置中，GPT-2 改进了当时 8 个跨领域和数据集的语言建模数据集中 7 个的技术水平。尽管从性能的角度来看，它在 10 亿字基准测试（One Billion Word Benchmark）中仍有很多不足，但这很可能是它的数据样本最多、预处理程序也最具破坏性所致。

·童书数据集评估了语言模型在应用于各种单词类别（包括名词、介词和命名实体）时的表现。基本上就是从 10 个可能的选项中估计出正确的被省略的单词。随着模型参数的增长，GPT-2 在童书测试——命名实体（CBT-named entity）和童书测试——一般（CBT-common）两项测试上的准确率取得了稳定的增长；对于普通名词和命名实体，新的最先进的准确率结果分别为 93.3% 和 89.1%（图 8-2）。

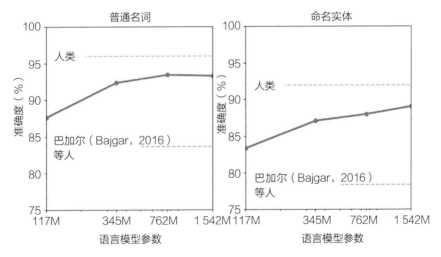

图 8-2　GPT-2 在童书测试（CBT）数据集中的表现（来源：GPT-2 论文）

·LAMBADA 数据集评估了模型在寻找遥远的依赖项和猜测句子的最后

一个词方面的表现。GPT–2 通过语言模型将当前水平的准确率从 19% 提高到 52.66%，并将困惑度从 99.8 降低到 8.6。对于句子的有效延续，这种方法效果更好，但对于有效的词尾则不然。添加阻滤波器能将它的效果提升 4%。

·威诺格拉德模式挑战（Winograd Schema challenge）通过评估一个系统解决文本歧义的能力，试图衡量其常识性思维能力。在这项挑战中，GPT–2 的准确率更高，为 70.70%，比 GPT–1 增加了 7%（图 8–3）。

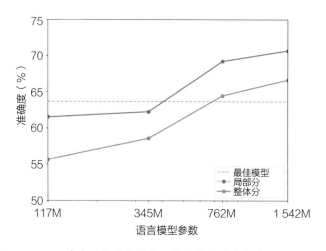

图 8–3　GPT–2 在威诺格拉德模式挑战中的表现（来源：GPT–2 论文）

·斯坦福大学的对话式问答挑战（CoQA）数据集包括了来自多个领域的论文，各领域之间可自然地交流问题和答案。该练习衡量了一个人的阅读理解以及根据先前对话对问询做出反应的能力。在涉及阅读理解的 4 个零样本任务中，GPT–2 在其中 3 项上的结果都拉平或超过了基线水平，这些基线水平是在 127 000 多个训练数据的问答上训练得出的。

综上所述，就 GPT–2 而言，通过在更大的数据集上进行训练和采用更多的参数，语言模型掌握任务的能力得到了提高，其在零样本情境下的众多任务中超越最先进水平的能力也得到了增长。随着模型容量的增加，其性能也以对数线性方式提升。

另外，当参数的数量增加时，语言模型的困惑度的下降并没有接近饱和点。WebText 数据集确实不适合 GPT-2，也许更长时间的训练有助于进一步降低它的困惑度。根据研究，GPT-2 的模型大小并不是最大的，更大的语言模型将通过减少混淆的方式来帮助人们掌握自然语言。

GPT-3

发布日期：2020 年 5 月

在 GPT-2 推出一年后，OpenAI 又在《语言模型是小样本学习者》（*Language Models are Few-Shot Learners*）一文中推出了 GPT 系列的另一个更新和更高级的版本——GPT-3。Open AI 开创的 GPT-3 模型拥有 1 750 亿个参数，它努力创造的是这样一个模型——更加强大和有力，只需很少的训练和几个演示就能理解任务并执行它们。这个模型的参数数量是 GPT-2 的 100 倍，比强大的微软图灵（Turing）自然语言生成语言模型多 10 倍。GPT-3 在零样本和少样本情境下的下游自然语言处理任务上表现良好，因为它参数众多，且能在可观的数据集上进行训练。基于其巨大的容量，它可能会写出不逊于人类的文章。它还可以按照需求完成从未教过它的工作，如加减数，生成 SQL 查询和代码，解释单词句子，根据自然语言的任务描述编写 React 和 JavaScript 代码等。

基础框架

在被文本数据训练的过程中，大语言模型获得了模式检测和其他能力。语言模型开始识别数据中的模式，同时学习根据上下文预测下一个词这一核心工作，这有助于它们减少语言建模任务的损失。最终，在迁移至零样本任务时，模型会从这种技能中受益。语言模型将实例模式与它在过去学到的可比较数据的模式进行对比，并在给出一些示例或给出需要做什么的

描述时利用这些知识来执行任务。这是大型语言模型的强大能力，随着模型参数数量的增加，这种能力会变得更强（图 8-4）。

如前所述，少样本、单样本和零样本的设置都属于零样本任务迁移当中的特例。在少样本的配置中，模型获得了工作描述和尽可能多地适配模型上下文窗口的示例。在单样本的配置中，一个模型只会给到一个例子，而零样本的配置是不给例子的。该模型的少样本、单样本以及零样本学习能力都会随着模型容量的增加而提高。

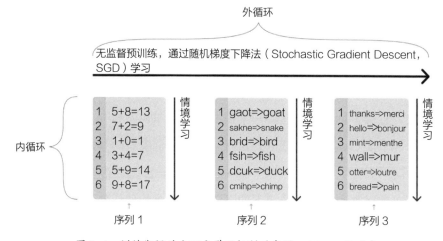

图 8-4　训练期间的上下文学习机制（来源：GPT-3 论文）

GPT-3 在五个不同的语料库上进行训练，每个语料库都有特定的权重。高质量数据集会在许多 epochs 中训练模型，其中的采样也更频繁。GPT-3 所使用的五个数据集分别是网络爬虫开放数据库（Common Crawl）、WebText2、Books1、Books2 和维基百科数据库（Wikipedia），这些数据集中包含了文本和上下文数据的大多数使用案例模式。

模型规格

同样，像 GPT-2 一样，该模型使用的还是最初以 Transformer 架构为基础的 GPT 模型，但这个版本与 GPT-2 依然存在一些主要区别，具体如下。

·GPT-3 已经在 3 种不同的语境学习任务中得到了评估，而不是在零样本、单样本和少样本学习技术上进行传统微调。

·GPT-3 有 96 层，每层有 96 个注意头。

·GPT-3 的词嵌入向量大小从 GPT-2 的 1 600 维增加到了 12 888 维。

·上下文窗口的大小从 GPT-2 的 1 024 个 token 增加到了 GPT-3 的 2 048 个 token。

·使用 adam 优化器，$\beta\_1=0.9$，$\beta\_2=0.95$，$\varepsilon=10^{-8}$。

·采用交替密度和局部带状稀疏注意力模式（sparse attention patterns）。

评价

GPT-3 经过了各种语言建模和自然语言处理数据集的测试。在少样本或零样本情境下，GPT-3 在语言建模数据集（如 LAMBADA 和 Penn Tree Bank）上的表现超过了前沿方法。虽然它不能超越其他数据集的最先进水平，但它确实提高了零样本任务的最佳表现。在诸如闭卷答题、模式解析、翻译等自然语言处理任务中，GPT-3 再次表现出色，其性能经常超过或接近精心调校的模型（图 8-5）。

在大多数任务中，该模型在少样本设置下的表现都优于单样本和零样本设置。在 CoQA 基准测试中，其在零样本设置下的总的 F1 得分是 81.5，单样本设置下的 F1 得分是 84.0，少样本设置下的 F1 得分是 85.0，而它在微调后的最佳模型（state of the art，以下简称 SOTA）中则拿到了 90.7 的 F1 得分。在 TriviaQA 基准测试中，模型在零样本、单样本和少样本情境下的准确度分别达到了 64.3%、68.0% 和 71.2%，比 SOTA 模型（68%）高出 3.2%。在 LAMBADA 数据集上，其在零样本、单样本及少样本情境下的准确度分别是 76.2 %、72.5% 和 86.4%，约比 SOTA 模型（68%）高出 18%。除了在传统的自然语言处理任务上进行评估，该模型还接受了更多人工任务的评估，如添加数字、解读单词、创建新闻文章、学习和利用新术语等。

我们探索的三种情境学习模式	传统微调（不适用于 GPT-3）

零样本

零样本模型旨在给定一种自然语言的情况下预测答案任务描述。不执行梯度更新。

```
1  将英语译成法语：        ← 任务描述
2  cheese =>              ← 提示
```

单样本

除了任务描述外，模型还会显示任务的单个示例。不执行梯度更新。

```
1  将英语译成法语：              ← 任务描述
2  sea otter =>loutre de mer   ← 示例
3  cheese =>                   ← 提示
```

多样本

除了任务描述外，模型还会显示任务的多个示例。不执行梯度更新。

```
1  将英语译成法语：                ← 任务描述
2  sea otter =>loutre de mer     ← 示例
3  peppermint =>menthe poivrée
4  plush girafe =>girafe peluche
5  cheese =>
                                ← 提示
```

微调

模型通过大量示例任务的重复梯度更新得到训练。

```
1  sea otter =>loutre de mer ← 示例 1
```
梯度更新
```
1  peppermint =>menthe poivrée ← 示例 2
```
梯度更新
···
```
1  plush giraffe =>girafe peluche ← 示例 N
```
梯度更新
```
1  cheese=>                      ← 提示
```

图 8-5　用语言模型执行任务的四种方法（来源：GPT-3 论文）

在这些任务中，该模型在少样本选择下的表现优于单样本和零样本情境，其性能随着参数数量的增加而提升。

GPT-3 的 API 开发

2020 年 6 月，OpenAI 发布了其 API，提供了一个通用的"文本输入、文本输出"（Text in, Text out）界面，用户可以在几乎所有英文任务上进行试用，这与大多数人工智能系统仅为单一使用案例开发的意图形成鲜明对比。用户可以在自己的任意产品上申请 API 使用许可，以此来创建一个全新的应用程序，或协助研究该项技术的优缺点（图 8-6）。

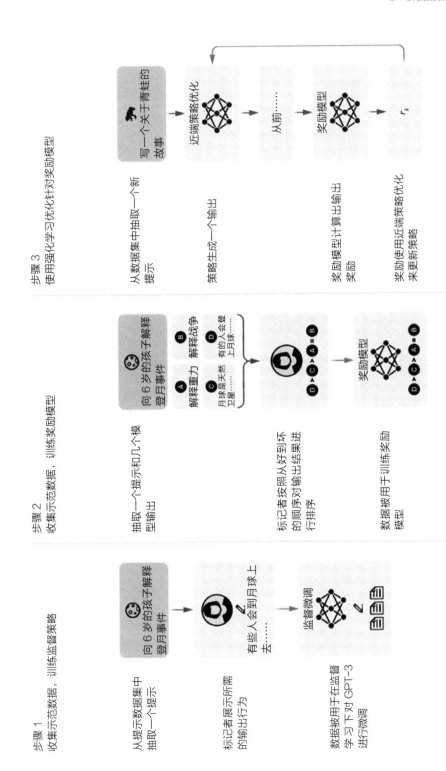

图 8-6 InstructGPT 模型或 GPT-3.5 的输入存储过程（来源：InstructGPT 论文）

当给定任意文本提示并提供文本补全时，API 将尝试匹配你提供给它的模式。你可以给出一些你希望它完成的样本来对其进行"编程"。任务成功程度通常取决于任务的难度。该 API 还能通过从用户以及标记者提供的人类输入中学习，或在你提供的样本数据集（小或大）上进行训练来提升某些任务的性能。

2020 年 9 月，微软公司（Microsoft）获得了 GPT-3 的独家许可，至此，我们能够利用其技术创新，为客户开发和交付先进的人工智能解决方案，创造新的潜在人工智能解决途径。

2021 年年底，OpenAI 终于全面开放了整个 GPT-3 模型，公司为指定国家的所有公共空间用户提供了 API 接口，并改进了其 Playground 实验室的性能，用户可以轻松地基于自有模型、带有数 10 个提示的示例库，以及 Codex（一个将自然语言翻译成代码的新模型）来进行原型设计。

▶ GPT-3.5 与 InstructGPT

大语言模型过去面临的一个主要问题是，未经过滤的人工智能生成内容和响应有时似乎是不真实的、有害的，甚至与用户无关的。因此，OpenAI 将微调与人类反馈的立场结合起来，以帮助满足更广泛的任务需求。这个微调的监督模型是通过对人类反馈的强化学习来训练的，这也是它被称为 InstructGPT 的原因。

基础框架

在 InstructGPT 中，标记者会在输入提示的分布上显示预期行为示例。这些人类提示的任务包括生成、回答问题、对话、总结、提取和其他自然语言任务，主要基于英语语言开发（96%）。近 40 个承包商参与了人类反馈，约有 73% 的训练标记者确实发挥了相互协同的作用。

模型规格

在 InstructGPT 的训练部分，标记者被引导使用 3 种提示，包括：①参与一些随意的任务；②多指令和多查询；③从候选用户中随机抽取用户，给出相应的解决方案。训练机制被单独用于训练三种不同的训练模型架构。其中，在监督微调（Supervised Fine-tuning，SFT）模型中，数据集通过标签演示和奖赏模型进行训练，并通过人类对先前模型输出排名的解释进行调整；而近端策略优化（Proximal Policy Optimization，PPO）模型完全是自行微调的，没有人为干预。

监督微调：在这个模型中，标记者数据已在微调机制内馈送 16 个 epoch，使用残差为 0.2 的余弦衰减率。

奖励模型（Rewarding Model）：该模型已经过训练，可以提供即时响应并获得标量响应。奖励之间的差异代表了一种反应比另一种反应更受人类标签青睐的对数概率。在这个结构中，模型在 175B 中的 68 个奖励模型上接受了训练。

强化学习（Reinforcement Learning）：在强盗式风格的环境中提出随机的消费者请求，并预期得到响应。它根据奖赏模型所定义的提示和答案生成奖励，并关闭该情景。为了防止奖励模型被过度优化，他们还在每个 token 处应用了来自监督微调模型的每 token KL 惩罚。奖励模型被用来初始化 value 函数。这些模型被称为"近端策略优化模型"。

结果

在探索开发现有自然语言处理模型生态系统的更多领域方面，OpenAI 提出了另一个可用于解决填充问题的发展。OpenAI 想让它们在不影响正常从左到右生成代码的能力的情况下产生出色的文本填充效果。该团队转换训练数据的方法非常直截了当：他们只是将文本的随机部分从页面中心转

移到了页面末尾。

该团队表明，因果增强现实大语言模型可以学习对文档中部进行填充，并通过在多个目标和数据集上的制造集成建模（Manufacturing Integration modeling，以下简称 FIM）转换数据和传统的从左到右数据混合上联合训练模型来处理相关任务，如推断导入模块、编写文档字符串和完成函数。总的来说，FIM 模型可以保留与标准增强现实模型相同的从左到右的文本容量，同时学习如何更有效地填充中心——这是建议的训练数据转换技术的一个优点，该技术免费提供 FIM（图 8-7）。

在 175B 的参数（DaVinci 模型）下，InstructGPT 模型比 GPT-3 更受青睐的时间超过了 85%，比 GPT-3 更能听取人类指示的时间超过 71%。这意味着几乎有 3/4 的标记者更喜欢 InstructGPT 而不是 GPT-3，尽管 GPT-3 已经被调教得很好了。

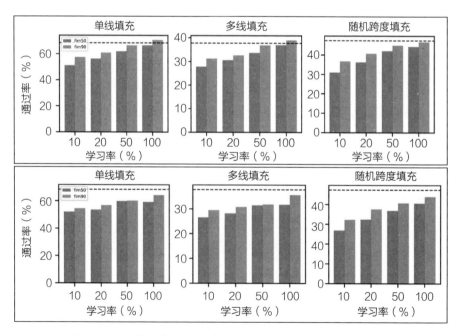

图 8-7 评估在没有 FIM 的情况下对 100B 的 token 进行预训练，
然后在有 FIM 的情况下对 25B（a 行）和 50B（b 行）
标记进行微调的模型最终快照（来源：InstructGPT 论文）

▶ GPT-3 模型中 API token 的成本缩减

随着时间的推移，ChatGPT 的订阅模式也发生了变化。在演化到 GPT-3 系列时，其价格出现了下降，尤其是 DaVinci 模型和 Curie 模型的成本更是降低了 66%——分别从 0.06 美元 /1k token 和 0.02 美元 /1k token 降低到了 0.002 美元 /1k token。在使该模型更有效、更可持续，从而带来价格的下调这一点上，OpenAI 团队不断取得惊人的成就。

Whisper 模型简介

OpenAI 在创建更佳的自然语言处理领域生态系统的过程中还开发过一个 Whisper 模型。这是一个自动语音识别模型，经过了 680 000 小时的多语言和多任务网络监督抓取训练。该模型的开发意图是要解决背景噪声、数据干扰等问题，使回应结果更趋近真实估计。这一模型还可完成一组多语言任务，并能给出相应的文字解决方案。为了实现预定的训练效果，它的多语言部分（非英语部分）包括了 98 种可用于训练的不同语言数据。

Whisper 模型概述

模型的训练集包含了多样化的音频片段，数据内容更偏向现实生活，这样做的目的是要为模型带来更多符合人类反应特征的解释。Whisper 人工智能建立在如下的架构之上——它将输入音频分成 30 秒的声波块，继而转换成对数梅尔谱图（log-Mel），再传入 Transformer 的编码 – 解码器，以预测相关的文本标题和特殊 token，指示单个模型执行语言识别、短语级时间戳、多语言语音转录等任务，而被转换成英语的语音翻译结果则会被结合到这些特殊 token 中去。Whisper 根据规模和功能设置了 9 种不同的型号（图 8-8）。

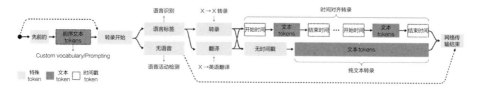

图 8-8　通过训练课程进行文本处理的过程（来源：Whisper 论文）

现有的其他方法通常会使用规模较大但无监督的音频预训练数据集，或规模较小但链接更紧密的音频 – 文本训练数据集。Whisper 的表现并不优于专门研究 LibriSpeech（在语音识别领域极有竞争力的一个基准数据集）性能的其他模型，因为它在一个广泛而多样的数据集上开展训练，并不针对任何特定的数据集（图 8-9）。

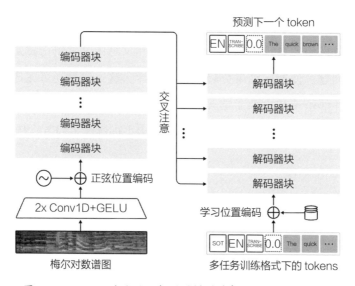

图 8-9　Whisper 的编码 – 解码器模型（来源：Whisper 论文）

然而，当我们对比各种不同数据集的零样本任务性能时，它比同类模型则要可靠得多，所犯错误会减少一半。

Whisper 的表现接近专业的人类转录员。使用 Whisper 对 Kincaid46 数据集中的 25 个录音的错词率（Word Error Rate，WER）进行检测，将之对比于 4 个计算机辅助人类转录服务的商业自动语音识别（Automatic Speech

Recognition，ASR）系统以及 4 个纯人工转录服务，其结果是三者的误差范围似乎相差无几（图 8-10）。

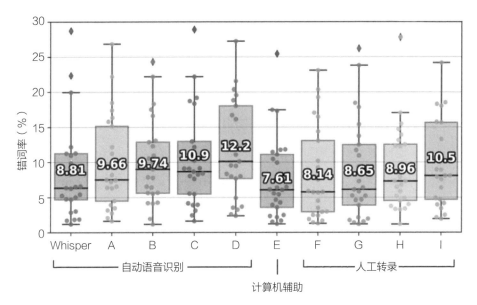

图 8-10　方框图上的点表示单个录音的错词率，25 个录音的总错词率
在每个方框上都有标注（来源：Whisper 论文）

ChatGPT

在围绕各种自然语言处理任务重新定义和扩展现有模型的结构后，OpenAI 将 GPT-3.5 系列（称为 GPT 3.5 的兄弟模型）构建为对话式人工智能自然语言处理系统，以此来满足复杂的自然语言处理解决方案。随着时间的推移，GPT 3.5 的部分特性得到了改进，也做出了一些优化。OpenAI 引入了一组 GPT 3.5 模型版本，使用户能够更清晰地根据他们的使用案例来使用和试验模型。

1. Turbo：构成 ChatGPT 模型基础的同一模型系列是 Turbo。与 DaVinci 模型系列相比，它在完成度方面的表现同样出色，同时它还特地针对对话式聊天的输入和输出进行了优化。对于每一个 ChatGPT 可有效处理的使用案例，API 中的 Turbo 模型家族应该也都能很好地发挥作用。

Turbo 家族也是第一个像 ChatGPT 一样得到频繁升级的模型系列。

特质：对话和文本生成。

可提出的最大请求：4 096 token。

训练日期：截至 2021 年 9 月。

2. DaVinci：DaVinci 模型家族的能力最强，它经常只需较少的训练就可以完成其他模型（Ada、Curie 和 Babbage）能完成的任何工作。对于需要深入掌握文本的任务，如为特定受众进行总结和创造原创内容，它的工作效果最好。不过，由于 DaVinci 的这些扩展功能要求更多的算力资源，所以它每次请求 API 的成本较高，速度也比其他模型更慢。

DaVinci 的另一个强项是理解文本的意图。它擅长推断各种逻辑难题的解决方案，并阐明人物动机。DaVinci 能够破解某些最难的因果关系人工智能难题。

特质：复杂意图，因果关系，为受众总结。

可提出的最大请求：4 000 token。

训练日期：截至 2021 年 6 月。

3. Curie：Curie 模型的实力强得令人难以置信，它的运行速度也非常快。虽然该模型更擅长诸如情感分类和总结这样的复杂任务，但在复杂文本的处理上，它却不及 DaVinci 模型。作为一个通用的聊天机器人，Curie 模型的问答和回答查询能力也相当出色。

特质：语言翻译、复杂分类、文本情感、总结。

4. Babbage：Babbage 能够处理简单分类和其他初级任务。当使用语义查询来评估文档与搜索查询的匹配程度时，它的表现也十分卓越。

特质：适度分类，语义搜索分类。

5. Ada：在通常情况下，Ada 模型的速度最快，它能够完成那些对细节要求不多的工作，例如文本解析、地址校正和某些类型的分类任务。通过添加额外的上下文信息，Ada 的性能经常可以得到增强。

特质：解析文本、简单分类、地址校正、关键词。

ChatGPT 的运行规则遵循了许多符合人类价值的原型与规则，其训练日期截至 2022 年年初。ChatGPT 的基本版本使用 GPT 3.5-turbo API 作为后台模型，这比许多其他 GPT 3.5 系列模型便宜得多，用户更容易负担得起。

时间线摘要（表 8-1）

表 8-1　ChatGPT 时间线摘要

日期	里程碑
2018 年 6 月 11 日	OpenAI 在博客上发布 GPT-1
2019 年 2 月 14 日	OpenAI 在博客上发布 GPT-2
2020 年 5 月 28 日	初版 GPT-3 预印本论文发表于 arXiv
2020 年 6 月 11 日	GPT-3 API 私人测试版发布
2020 年 9 月 22 日	GPT-3 为微软提供授权
2021 年 11 月 18 日	GPT-3 向公众开放 API
2022 年 1 月 27 日	InstructGPT 以"text-davinci-002"（现在被称为 GPT-3.5）的名称发布。2022 年 3 月，InstructGPT 发表预印本论文
2022 年 7 月 28 日	用 FIM 探索数据最优模型，并于 arXiv 上发表论文
2022 年 9 月 1 日	GPT-3 系列模型中的 DaVinci 及 Curie 模型的定价削减了 66%
2022 年 9 月 21 日	OpenAI 在博客上发布 Whisper 模型
2022 年 11 月 28 日	GPT-3.5 被扩展至"text-davinci-003"，OpenAI 通过电子邮件告知用户可获得如下改进： ·更高的写作质量； ·处理更复杂的指令； ·更擅长较长长形式的内容生成
2022 年 11 月 30 日	OpenAI 在博客上发布 ChatGPT
2023 年 2 月 1 日	ChatGPT 的月活跃用户数达到 1 亿（资料来源：瑞士银行报告）
2023 年 3 月 1 日	OpenAI 在博客上发布 ChatGPT API

★ 该时间线摘自艾伦·D. 汤普森（Alan D. Thompson）博士的 GPT 博客。

API 定价模型

API 定价（截至 2023 年 3 月 2 日）：虽然 ChatGPT 仍提供免费版本，但大型、小型机构以及个人还是需要 API 接口将 GPT 与他们的开发及应用整合起来，以便在终端对其加以应用。目前，ChatGPT 及其近亲 ChatGPT-3.5 的定价已经具备了良好的可持续性，机构和个人都能够负担得起了。以下是目前每 1 000 个 token 的定价清单（可将其视为字数载体，1 000 个 token 大约可创建一篇 750 字的文章）（表 8-2）。

表 8-2　API 定价参考表

模型	价格（美元 / 1 000token）
GPT-3.5-Turbo	0.002
Ada——最快	0.0004
Babbage	0.0005
Curie	0.0020
DaVinci——最强大	0.0020

ChatGPT 的技术局限性

有时，ChatGPT 会给出一些看似准确，但实际漏洞百出或不合逻辑的回答。这个问题很难修复，原因：①目前的强化学习训练中不包含真实世界的内容；②模型过度谨慎，即便能答对问题也会拒绝回答；③有监督训练会欺骗模型，因为最佳响应依托的是模型的知识储备而不是演示者的知识。

用户可以变更输入的短语，而且 ChatGPT 对同一问题的重复尝试十分敏感。比如，如果用户用一种方式来表述问题，模型可能会说不知道答案，但是只要简单地换一换说法，它们就可能给出准确的答案。

该模型反复声明自己是由 OpenAI 开发的语言模型，并且利用了其他被滥用的词语。这些问题是由于训练数据中的偏差（训练者偏爱较长的回答，因为看起来显得更全面）和众所周知的过度优化问题所造成的。

当用户给出一个不确定的问询时，理想的处理方法是模型能通过提问进行澄清。事与愿违的是，目前我们的模型通常会对用户的意图直接做出假设。

尽管开发者已尽力促使模型拒绝不合适的请求，但模型仍会在一些时候接受负面知识或表现出敌意。虽然开发者已经预计到了目前仍会出现一些误报，但他们还是利用审核 API 来提醒用户或阻断某些特定类别的危险素材。

▲ ChatGPT 免费版界面中的用户体验

本章主要为用户介绍 ChatGPT 免费版用户界面的体验流程及其绝佳的可用性。整个体验过程大概类似下述流程图。

·发现：用户经由诸如社交媒体、搜索引擎或口口相传等各种渠道知晓 ChatGPT，继而通过网站或应用程序界面对其进行访问。

·用户处理：用户要在 GPT 用户界面上注册（已有账号的用户登录账号即可）。用户也可以通过访问第三方电子邮件来完成注册或登录过程（图 8-11）。

欢迎来到 ChatGPT
请登录你的 OpenAI 账户继续使用

登录　　注册

图 8-11　ChatGPT 用户界面的预注册版本

·问询：用户通过输入查询内容或发出语音指令在 GPT 上提问或发起对话。提问界面见图 8-12。

·响应：ChatGPT 针对客户问询提供相关的回应或建议。

·反馈：客户对答复质量进行反馈，或在必要时要求 ChatGPT 提供更多说明。

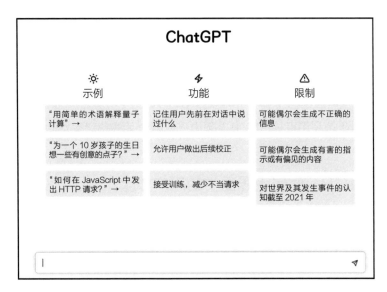

图 8−12　ChatGPT 的提问界面

·解决方案：ChatGPT 解决用户的疑问或在需要时提供进一步的帮助。在此，我们举例说明 GPT 如何接受问询、做出响应并基于反馈生成更多即兴答案（图 8−13）。

嘿，你能不能用不到 50 个字给我介绍一下气候变化问题？

气候变化是指全球天气模式的长期改变，其产生原因主要是人类活动向大气层释放温室气体，导致温度上升、海平面上升和极端天气事件，并对地球和人类社会造成严重后果。

嘿，你能不能用更专业的说法来解释一下前面那个答案？

当然可以！气候变化是指由于各种自然和人为因素引起的地球气候随时间变化的现象。气候变化的主要原因是地球大气中温室气体的积累，它会捕获热量并导致长期的暖化效应。这种效应会使气温上升、海平面上升以及导致飓风、干旱和洪水等极端天气状况。这些变化对生态系统、经济和人类社会产生了重大影响，并给研究人员、政策制定者和社区居民带来了复杂而相互关联的挑战。

图 8−13　使用 ChatGPT 进行连续即兴创作的对话演示

·跟进：ChatGPT 可以在一段时间之后对客户进行追踪，以确保用户对方案满意或为其提供额外的帮助。

·用户留存：假如用户在 GPT 上的使用体验良好，他们在未来就更可能会回到该界面并再次使用 ChatGPT 的服务。

·总结一下，ChatGPT 的用户体验流程专注于通过先进的自然语言处理和机器语言技术为用户提供个性化、高效、优质的服务。

识记要点

● 2018 年，GPT 系列发布了其首个模型，即 GPT-1。该模型在不同层次的无标签文本语料库上进行训练，其设计意图在于通过微调和生成式预训练发展强大的自然语言理解基础。

● 研究显示了预训练是如何提高 GPT-1 模型在各种自然语言处理任务中的零样本学习性能的，包括情感分析、问题回答和模式解析。

● 在对模型进行对比的 12 项任务中，GPT-1 在其中 9 项任务上的表现优于经过专门训练的有监督的最先进模型。

● GPT-1 模型在叙事完形测试任务上的表现再次明显优于之前的最佳结果，其在故事完形上的收益高达 8.9%，在 RACE 上的整体收益为 5.7%。

● 在 2019 年，GPT 推出了它的新一版模型，即 GPT-2。该模型在更大的数据集上进行训练，参数也丰富了许多，模型总体实现了优化。

● GPT-2 中提到的零样本学习任务迁移的基础就是任务条件作用。

- GPT-2 的零样本学习任务迁移能力十分耐人寻味。

- 零样本学习任务迁移中存在一个特例：零样本学习会在完全不给例子的情况下发生，而且模型会按照指示去执行任务。

- API 定价（截至 2023 年 3 月 2 日）：虽然 ChatGPT 仍提供免费版本，但大型、小型机构以及个人还是需要 API 接口将 GPT 与他们的开发及应用整合起来，以便在终端对其加以应用。

- 目前，ChatGPT 及其近亲 ChatGPT-3.5 的定价已经具备了良好的可持续性，机构和个人也能够负担得起了。

- 用户可通过网站或应用程序界面访问 ChatGPT。

- 总结一下，ChatGPT 的用户体验流程专注于通过先进的自然语言处理和机器语言技术为用户提供个性化、高效、优质的服务。

第九章

ChatGPT 使用案例

9

人工智能的广泛采用已经对各行各业产生了重大影响。现在，就连非技术性行业也能利用人工智能来改善其产品和商业战略了。

▶ 全球人工智能市场增长预测和趋势

许多企业现在都会采用人工智能技术来从事用户获取、聊天机器人自动化、商业分析以及制定营销策略等工作，人工智能技术使大家都能从其先进功能中获益。

领先研究（Precedence Research）预测，到 2030 年，全球人工智能市场规模将达到近 1 600 亿美元，比目前截至 2022 年年底的 119.78 亿美元有大幅增长（图 9–1）。

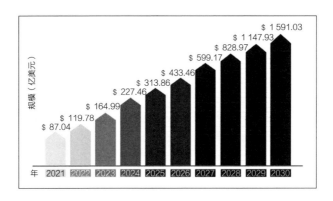

图 9–1　人工智能空间的增长预测［来源：大视野研究（Grand View research）］

预计亚太地区在 2022 年至 2030 年间的复合年增长率（Compound Annual

Growth Rate，CAGR）会达到 42%。截至 2022 年，软件和信息技术行业占据了近 41% 的市场份额，而媒体和广告行业占了约 22%。人工智能在核心和非核心部门的应用率是均等的。

在人工智能市场中，相当一部分使用案例来自自然语言处理的子领域。根据大视野研究的另一份报告，上一年，自然语言处理市场占据了整个人工智能市场的 22%，预计直到 2030 年的复合年增长率达到约 39% 为止，它还将保持与人工智能市场类似的增长轨迹。在整个自然语言处理市场中，24% 的产品是以服务的形式提供的，而剩下的则是以成熟解决方案的形式提供。此外，聊天机器人领域预计在 2022 年至 2027 年之间的复合年增长率会达到 30.29%。

ChatGPT 在近期的突围其实更为吸引市场，这也是最近人工智能业务潜在激增的一个突出表征。事实上，由于 ChatGPT 在短时间内就进化到了这种令人难以置信的程度，人工智能股票也得以飙升起来（图 9-2）。

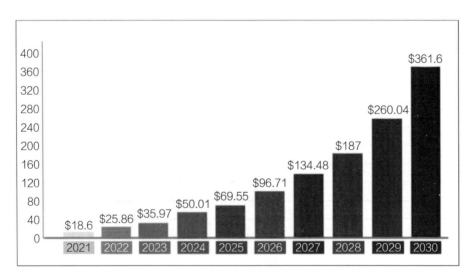

图 9-2　自然语言处理领域的增长预测（来源：大视野研究）

ChatGPT 带来的主要影响是在文本生成和替代搜索引擎方面。它能够提供一种不同以往且内容丰富的解决方案，以此开创市场上的重大突破。

ChatGPT 在不同的内容创作、人力资源部门、电子邮件写作、各种代码写作、教育和学习系统、信息性系统、各类问题解决能力、推荐等领域都能提供解决方案，类似的例子不胜枚举。这些都使得 ChatGPT 成为接下来最激动人心的项目之一，预计到 2023 年，它将创造 2 亿美元的净收入，到 2024 年则有 10 亿美元左右。只用了短短 3 个月，它就几乎实现了用户数从 1 到 1 亿的突破。

▶ 内容营销使用案例：介绍

内容创作行业正在迅速发展，它涵盖了文本、音频、视频和图形等多种媒体格式。内容创作者负责在不同的平台上生成数字内容，包括社交媒体、网站、博客、播客和视频共享网站。由于对信息量大和吸引人的内容的需求不断增加，以及数字媒体的发展，该行业在最近几年取得了突出的成就。

▶ 内容创作

内容创作行业的从业者包含来自不同背景的专业人士，包括作家、编辑、平面设计师、摄影师、摄像师和社交媒体经理。他们通力合作，生产高质量的内容，以满足目标受众的需求与偏好。该行业还催生了一些新型职业，如内容营销人员和意见领袖，他们利用自己的知识来推广产品和品牌。

根据最新的全球洞察，内容创作市场预计将达到 12.2% 的复合年增长率，预计到 2026 年，该领域的市场规模将达到 232 亿美元。内容创作的概念一直在稳步增长，因为社交媒体平台已经成为全球主要的沟通渠道之一，它为营销策略、搜索引擎优化、商业内容写作、博客、电子邮件营销等提供了机会。该行业的大幅增长得益于云计算和媒体娱乐领域的指数级增长、数字化的快速普及，以及智能手机和数字设备的广泛采用。

这种增长带来了就业机会的大幅增加，该行业的就业年增长率也达到了 43%（新冠疫情暴发之前），特别是在内容写作和搜索引擎优化方面。《创客经济报告》（*Creator Economy report*）指出，在 2020—2021 年间，风险资本家在该行业的投资额接近 8 亿美元。

对于希望制作出高质量、有吸引力的内容的人而言，ChatGPT 改写了全行业的游戏规则。无论你是资深作家还是菜鸟写手，ChatGPT 都有能力优化你的写作素材。ChatGPT 的后端架构和训练模型非常高能，它能依照你的需求简单生成基础内容，即使针对的是非常具体的使用案例，也能生产优质内容。在该行业中增加对于 ChatGPT 的使用可能会给行业带来很多好处，包括提升内容的质量水平，解决语法技术问题，增加专业性；除此之外，它还可以显著降低内容创作行业的运营成本。

ChatGPT 在博客内容写作上的应用

博客是一种多功能交流手段，它已被广泛应用于产品、故事、消费者体验、行业问题和教育等领域的宣传工作。随着诸如 Medium、TripAdvisor（旅游网站）、Pinterest（艺术和手工艺网站）和 Investopedia（财经网站）等数字平台的出现，博客获得了广泛的受众。ChatGPT 可利用其内容生成能力为任何主题的博客创建有针对性的内容。当面对一个新的、不熟悉的话题时，ChatGPT 可以根据在同一对话中与用户的历史对话内容，提供涵盖关键部分的结构化大纲。ChatGPT 还可以通过按顺序提供相关的、信息丰富的步骤信息来创建文章。

ChatGPT 可以从几个方面为内容创作者提供价值。首先，它可以通过提供想法、建议，甚至是文章或博客文章的完整段落来协助内容生成。它可以帮助组织内容的结构并确保针对目标受众进行优化。其次，ChatGPT 可以充当写作助手，提供语法和拼写建议，以提高内容的整体质量。它还可以提供同义词和替代短语，以提升内容的可读性和流畅性。此外，ChatGPT 还是极富价值的研究工具，它能针对特定主题收集信息，并以简明和系统的方式呈现出来。这可以为内容创作者节省大量研究和编译信息的时间与精力。总的来说，ChatGPT 可以为内容创作者提供他们所需的工具和支持，以帮助其创造高质量、有吸引力和信息丰富的内容，从而与目标受众产生共鸣（图 9-3）。

图 9-3　ChatGPT 生成结构化博客内容的应用实例

　　图 9-3 简短演示了 ChatGPT 是如何协助生成综合人工智能博客的，所生成的博客结构清晰而有条理，涵盖了不同的人工智能模型、应用程序、伦理考虑、未来前景以及结论性总结。提供额外说明可以极大地提高 ChatGPT 的生成质量，确保其聚焦性和针对性。不同行业的各种企业，无论其规模如何，都可以利用 ChatGPT 的博客系统为其产品、服务开发博客，

或创建案例研究报告。

现在，ChatGPT 不仅可以为博客生成内容，还可以通过许多具体的途径来提高个人的博客写作水平。要成为自己领域的权威，需要对内容进行仔细地规划。通过不断生产有价值的内容，个人可以成为领域内有信誉和有声望的权威人物，这将最终提高品牌的客户忠诚度和统治地位。

·为了实现这一目标，也许我们可以事先准备好一套关键词和要点说明，这可以为博客奠定良好的基础，也可以获得更多有关关键词的建议。在这点上，ChatGPT 肯定会有帮助。

使用 ChatGPT 写博客的另一个优点是使博客的每个部分都得到完美的延伸，并使一些重要的部分生动起来。

·为此，ChatGPT 可以为特定的部分提供具体的内容建议，实际上它还可以根据主题对各部分进行优先排序。

有时，对某一特定内容的博客做详细说明可以使内容更引人入胜。方法之一就是调整某个特定博客的标题。

·ChatGPT 也可以帮助内容创作者获得关于特定博客"标题"的更好的建议。

要使内容完美，还要在图形、视觉化和成像比例上精益求精。

·ChatGPT 可以对图片、图像做出妥善的流处理，并将可能适当的图表插到整个内容当中。

▶ 搜索引擎优化

搜索引擎优化（Search Engine Optimization，SEO）是另一种有效的营销战略技术，而这一过程也可以提高某些内容的影响力。为了更好地进行搜索引擎优化，创建一个完美的标题和使用适当的关键词是必不可少的。关于这一点以及如何利用 ChatGPT 对其进行优化，前面已经讨论过了。

内容策略的制定是搜索引擎优化的另一个重要目标，ChatGPT 可以帮助建立完美的顺序策略，绘制内容策略路线图，并给出针对不同内容的相关策略。

ChatGPT 还可以帮助建立恰当的搜索意图。ChatGPT 能提供更好的关键词搜索意图并对其进行改善，从而给出更好的搜索选项和高水平的概述。另外，建构模式（building schemas）是搜索引擎的重要标识，而 ChatGPT 可以帮助建立起这种模式，从而方便网站内容的查询。此外，ChatGPT 还可以帮助总结整个内容，以得出一份概念化的摘要信息，进而给出更好的内容介绍。

◤ ChatGPT 在电子邮件营销中的应用

电子邮件和短信营销几乎成为每个人常常挂在嘴边的一种商界术语了。我们每天都会收到许多电子邮件和短信，告诉我们有哪些不同的产品、优惠和更新等。ChatGPT 性能卓越，它能针对数百万产品生成内容，比如写一封介绍性的电子邮件，或为某种产品做出恰当的宣传。它也能针对不同部门的特定意图编写电子邮件。在专业情境下，电子邮件还会被用于许多其他不同的场合，从重要的学术信息到出于多种原因与外部客户展开互动的各个领域。每个电子邮件营销或专业电子邮件通信都有一定的模板。在设计每种模板时都要考虑反映某些特定需求的概念，如原因的紧迫性、个性化、情感模式以及根据人口统计学做出的细分（图 9-4）。

使用 ChatGPT 的好处是，它可以即时生成电子邮件副本（而且速度惊人）。在输入提示后，可能连 10 秒钟都用不到，它就能写出整个电子邮件的初稿，这可能会帮你（或你的营销人员）节省时间。ChatGPT 的训练载体是由人类所生成的巨量文本。它将所有这些信息储存在它的"大脑"中，为你提供高质量的电子邮件建议，而这些建议可能是你以前没有考虑到的。

请帮我给客户写一封专业的电子邮件，告诉他开户请求被拒绝了。客户的名字是约翰。

亲爱的约翰，

希望你收到这封邮件时一切都好。

我写信是为了通知你，你的开户请求被拒绝了。

我们很遗憾地告知你，你不符合我们公司的开户标准。我们理解这可能会造成一些不便，并对由此带来的一切麻烦表示抱歉。

如果你有任何问题或疑虑，请不要犹豫，立刻与我们联系。我们的团队可以与你讨论请求被拒的原因，并提供可能需要的任何其他信息。

感谢你对我们的服务感兴趣，也希望你在未来有需求时仍会考虑我们。

谢谢你的理解。

祝你安好。

图 9-4　ChatGPT 的专业邮件写作能力实例

ChatGPT 能够生成相同电子邮件的多个副本，每个副本都有不同的主题或正文。被选中的文本可以按照你的完整收件人列表被分发至所有收件人，提高你电子邮件收发活动的投资回报。接着，你也可以把相关内容发送至列表当中的部分收件人，利用 A/B 测试来评估邮件写作的成功率。另外，如果有人在同一对话场景中要求反馈，ChatGPT 可以提供评论说明针对该项问题已经做了哪些努力和整改。它能轻松地针对你的输入内容生成一个即时的评论并对其进行修正。此外，人们可以利用这一点来跟进后续的电子邮件，让你的电子邮件格式在某些参数上保持一致，也可以要求 ChatGPT 在现有技能所及范围之内做出任何改进。

▶ 其他与内容有关的使用案例

ChatGPT 在内容创作方面还有许多其他使用案例。其工作方式真的非常高效，它就像一个释义工具，能通过更好的词汇和各种选项，将一个特定的非结构化短语以一种更系统、更有意义的方式表达出来。许多作家、博主、营销人员也可以应用类似的系统来塑造他们现有的想法，使想法更加清晰可见。

ChatGPT 可用于生成针对特定场合的内容，如生成新闻简报、广告、单页报告、产品定义和其他类似的内容。ChatGPT 的另一个主要优势是它可以处理针对具体地理区域的内容，因为它是用多语言数据集训练出来的。下方例子通过一段代码片段来说明 ChatGPT 是如何在不同的语种环境下进行内容创作的：

要求：嘿，你能用西班牙语帮我给我的表弟写一句励志的话吗？

ChatGPT：当然！你可以为你的表弟用西班牙语写一句励志的话：

¡Por supuesto! Aquí te dejo una línea de mensaje motivacional en español para tu primo/a sobre su carrera profesional:

"Confía en ti mismo/a y en tus habilidades, y sigue adelante con determinación hacia tus metas profesionales."

翻译："相信自己和自己的能力，坚定地朝着自己的职业目标前进。"

识记要点

- 人工智能的广泛采用已经对各行各业产生了重大影响。

- 领先研究预测，到 2030 年，全球人工智能市场规模将达到 1 600 亿美元，比目前截至 2022 年年底的 1 197.8 亿美元有大幅增长。

- ChatGPT 在不同的内容创作、人力资源部门、电子邮件写作、各种代码写作、教育和学习系统、信息性系统、各类问题解决能力、推荐等领域都能提供解决方案，类似的例子不胜枚举。

- ChatGPT 成为接下来最激动人心的项目之一，预计到 2023

年，它将创造 2 亿美元的净收入，到 2024 年则有 10 亿美元左右。

- ChatGPT 可以从几个方面为内容创作者提供价值。

- 我们简短演示了 ChatGPT 是如何协助生成人工智能主题的博客的，所生成的博客结构清晰而有条理，涵盖了不同的人工智能模型、应用程序、伦理考虑、未来前景以及结论性总结。

- 要成为自己领域的权威，就需要对内容进行仔细地规划。

- ChatGPT 也可以帮助内容创作者获得关于特定博客"标题"的更好的建议。要使内容完美，另一个帮助是在图形、视觉化和成像比例上精益求精。

- 建构模式是搜索引擎的重要标识，而 ChatGPT 可以帮助建立起这种模式，从而方便网站内容的查询。

第十章

ChatGPT 在教育及线上学习领域中的应用

在过去十年间，随着线上学习（e-learning）方式的引入，教育行业发生了重大转变。线上学习（也被称为电子学习）已经彻底改变了学生学习和接受教育的方式。线上学习是所有经由电子设备与数字平台来促进学习效果的学习形式的总称。它已经成为全球教育系统的一个组成部分，并为各年龄和各背景的学生提供了灵活与便利的学习机会。

▶ 线上学习市场的增长

全球线上学习市场在 2020 年的规模估值为 2 000 亿美元，预计从 2021 年到 2028 年，这一领域将以 8.1% 的复合年增长率继续增长。该市场正受到以下几个因素的推动，包括远程教育需求的不断增长，教育中越来越多地采用先进技术，以及移动学习的日益普及。新冠疫情的流行也在加速线上学习市场的增长方面发挥了重要作用。由于世界各地的学校和大学被迫转向远程学习方式以确保教育的连续性，教育系统对线上学习平台的需求激增。根据全球教育智库奥隆智库（HolonIQ）的一份报告，到 2025 年，全球线上学习市场的规模预计将达到 4 040 亿美元，也就是说，从 2020 年到 2025 年，该领域的复合年增长率将达到 18.1%。而研究与市场（Research and Markets）也在其报告中称，全球线上学习市场预计将在 2026 年达到 3 700 亿美元的规模，即从 2021 年到 2026 年，它将保持 9.1% 的复合年增长率。报告还强调了，人工智能和机器学习在线上学习中应用的增加预计将在未来几年推动该市场的增长。就连北极星市场研究（Polaris market）也做出预测：从目前到未来的 2030 年，该领域的复合年增长率会达到 20.1%（图 10-1）。

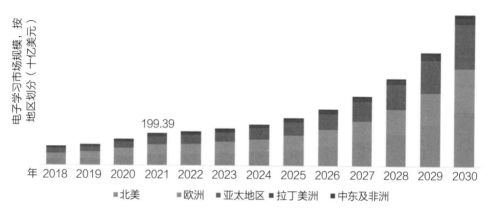

图 10-1　北极星市场研究对教育市场增长做出的预测（来源：北极星）

自然语言处理使学生和线上学习平台之间的沟通更为有效，进而改善了线上学习本身和教育系统。它使线上学习系统能够理解和处理人类语言，使学生更容易与平台互动并接收反馈。自然语言处理可用于改善基于语言的学习活动，如阅读理解和写作练习。该算法还可以根据学生的写作风格、语法和词汇使用情况分析他们的回答，并提供个性化的反馈。这有助于学生提升他们的写作技巧，并获得更有针对性的反馈。自然语言处理还可以创建聊天机器人和虚拟助手，从而为回答学生的问题提供帮助。此外，自然语言处理算法还可以分析学生与线上学习平台的互动，以确定他们可能感到困难的领域，并提供有针对性的干预措施，帮助其克服学习上的困难，缩小差距。总的来说，自然语言处理正在使线上学习平台更具互动性、个性化和有效性。

线上学习中的 ChatGPT

在线上学习领域，ChatGPT 能够基于各种主题生产出信息丰富且相关性

强的内容。如果教师或学生需要某个特定主题的知识，ChatGPT 可以根据他
们的问询生成全面的答复。这一功能对那些在某一特定主题上存在学习困
难或需要额外资源来补习的学生来说是有利的。此外，ChatGPT 可以创建练
习测验题和问题，以评估学生对特定主题知识的掌握情况，而教师也可以
用它来确定学生在哪些领域需要额外支持。在语言学习中，ChatGPT 可以通
过提供翻译并按照目标语言生成句子或短语来帮助学习者，从而提高他们
的词汇量和语法技能。

在线上学习中使用 ChatGPT 与在教育学习中使用 ChatGPT 的模式或多
或少都有些相似之处。

内容创作

对于线上学习课程，ChatGPT 可以生成有用的、高质量的材料。可以是
文本材料，如课程计划和讲座内容；也可以是多媒体材料，如电影和互动
模拟。不仅如此，它还能创建课程资料以帮助学习者完成作业、小项目以
及进行在线测验。生成式 AI 实际上能够以简洁明了的方式来对海量的学习
材料和复杂的研究论文进行归纳总结（图 10-2）。

你能用 100 个以内的单词向我说明一下什么是"生成式 AI"，并推荐一些相关书籍吗？

生成式 AI 是指使用人工智能算法来创建新的以及原创的内容，如图像、音乐和文本。这些算法从现有数据中学习模式，并生成风格和内容与原始数据相似的新数据。该领域内的流行书籍有伊恩·古德费洛（Ian Goodfellow）、约书亚·本吉奥（Yoshua Bengio）以及亚伦·库维尔（Aaron Courville）合著的《深度学习》（*Deep Learning*），以及大卫·福斯特（David Foster）的《生成式深度学习》（*Generative Deep Learning*）。

图 10-2　一个使用 ChatGPT 生成教育内容和电子学习建议框架的小示例

个性化

持续性学习人工智能模型的另一个优势是能够实现个性化。通过创建

符合用户要求、喜好和学习偏好的信息，ChatGPT 可以帮助特定用户使他们的线上学习体验更加个性化。这些可能包括个性化的课程计划、测试、评估和参与学习活动，特别是，它还可以用来针对特殊重点内容进行强化。

反馈和评估

ChatGPT 可以通过生成自动测验和评价题目来为学习者提供反馈与评估。这可以帮助学习者衡量自己的学习进度，确定需要改进的地方，并收到关于其表现的即时反馈。事实上，学习者可以用 ChatGPT 来进行简短的逻辑论证。导师们也可以充分利用 ChatGPT 生成测验集、作业文件和项目主题。事实上，他们也可以利用 ChatGPT 的评估属性来对基本任务进行测评（图 10–3）。

 你能针对 GAN 模型准备 4~5 个问题吗？

 当然可以，这里给出 4~5 个关于 GAN 模型的问题：
1. 什么是 GAN 模型，它是如何工作的？
2. GAN 在计算机视觉和自然语言处理中有哪些流行的应用？
3. 如何训练 GAN 模型，训练中常见的挑战是什么？
4. 有哪些技术可以评估 GAN 生成数据的质量？
5. 你能解释一下 GAN 模型中"模式崩溃"（mode collapse）的概念吗？如何解决这个问题？

图 10–3　使用 ChatGPT 生成简单的调查问卷

聊天机器人辅助

在线上学习过程中，当 ChatGPT 被部署为聊天机器人时，学习者可以从中获得帮助与支持。这可能包括回答问题，针对课程材料给出建议，以及提供额外的材料与资源。事实上，他们也可以将 API 集成到不同学习平台的聊天机器人上来进行内容处理。

语言翻译

ChatGPT 可以帮助将线上学习材料翻译成多种语言，使其适用于世界各地的学生。

总之，ChatGPT 技术有能力彻底转变线上学习和教育材料的开发过程。它使培训公司有机会创建、评估和变革内容，以确保教学的有效性，并同时满足商业与学习目标。它还使学习者能够直接与模型互动，以提升知识储备和能力。

ChatGPT 具有无与伦比的适应性，它可以在线上学习场景中得到应用。它是线上学习的未来，从创建文本信息到提供个性化的学习体验领域均能大展身手。培训公司需要与解决方案提供商合作，提供由生成式 AI 和 GPT 驱动的整合式学习平台解决方案，以充分发挥这些技术的潜力。

识记要点

- 自然语言处理正在使线上学习平台更具互动性、个性化和有效性。
- 在线上学习领域，ChatGPT 能够基于各种主题生产出信息丰富且相关性强的内容。
- ChatGPT 可以通过生成自动测验和评价题目来为学习者提供反馈和评估。
- ChatGPT 技术有能力彻底转变电子学习和教育材料的开发过程。
- ChatGPT 是线上学习的未来。

第十一章

ChatGPT 在娱乐业中的
使用案例

11

人工智能在娱乐业中的应用不断增加，彻底改变了该行业的内容创作与消费方式。人们使用由人工智能驱动的工具和算法来优化创作过程，包括从产生新的想法和预测受众偏好到任务自动化以及后期制作的改进。

▶ 娱乐业中的人工智能

在音乐行业，人们使用人工智能算法来创作新音乐以及生成逼真的乐器声音。在电影行业，人们使用人工智能来生成逼真的特效和创建虚拟角色。人工智能在游戏行业中也有应用，它可以生成新的游戏内容、个性化的游戏体验，并能改善游戏设计。

然而，人们对人工智能在娱乐业中的使用也存在担忧，包括数据隐私、偏见以及潜在丧失的人类创造力和控制力等问题。随着人工智能在娱乐业中的持续融入，我们必须考虑这些伦理影响，并确保其使用方式能同时令创作者和观众获益。

▶ 娱乐业中的自然语言处理

自然语言处理在各种娱乐应用中都得到了使用，如推荐系统、聊天机器人以及虚拟助手。例如，游戏行业使用聊天机器人来为玩家提供更多的沉浸式体验；音乐行业使用虚拟助手来帮助乐迷发现新的音乐和艺术家；电影和电视行业也会使用自然语言处理来分析观众的反馈与情绪。这有助于工作室和制片人了解观众的反应，并对未来要开发的内容做出更明智的决定。而这就是 ChatGPT 能以一种革命性的方式为这些服务市场提供补充的原因。

人工智能在媒体和娱乐业市场的增长

根据大视野的研究报告，全球媒体和娱乐业的人工智能市场在 2020 年的市场规模为 108.7 亿美元（娱乐业因新冠疫情而得以高涨），2021 年为 148.1 亿美元。预计到 2030 年，这一数值将增加到接近 1 000 亿美元，2022—2030 年的复合年增长率为 26.9%。促成这一扩张的部分原因包括对定制信息的需求、计算机视觉和自然语言处理技术的进步，以及增强现实和虚拟现实技术的普及。

根据普华永道（PwC）的另一项分析，到 2030 年，人工智能技术可能会为全球经济带来高达 15.7 万亿美元的增长，预计媒体和娱乐行业将获利最多。该研究强调了人工智能在娱乐行业的各种应用，包括定制广告和内容推荐（content recommendation）系统。

根据大视野的研究报告，全球媒体和娱乐行业的自然语言处理市场预计将从 2019 年的 7.508 亿美元增长到 2027 年的 43 亿美元，其复合年增长率为 25.6%，这是前疫情时代的发展数据，后疫情时代市场的复合年增长率预计还会有所增加。推动这一增长的因素包括对个性化内容的需求不断增长、自然语言处理算法和技术的进步，以及娱乐行业虚拟助手和聊天机器人的兴起。锡安市场研究公司（Zion Market Research）的另一份报告估计，全球娱乐业的聊天机器人市场将从 2019 年的 12 亿美元增长到 2026 年的 94 亿美元，复合年增长率为 31.6%。这种增长是在各种娱乐应用程序（如游戏、音乐和视频流服务）中越来越多地使用聊天机器人所驱动的。赛富时（Salesforce）的一项调查发现，61% 的消费者希望企业能根据他们的喜好提供个性化的体验。

70% 的人表示，要让客户心甘情愿地买单，了解他们的需求和期望非常重要。这些发现表明，由自然语言处理所驱动的娱乐服务（聊天机器人和推荐系统）有可能大幅度提升娱乐业的客户满意度和参与度（图 11-1）。

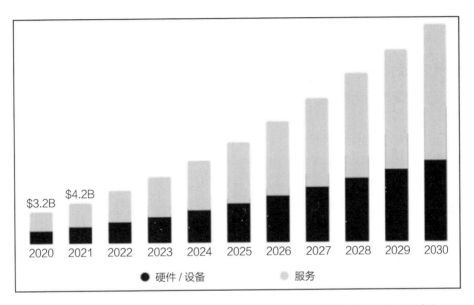

图 11-1　北美地区的娱乐与人工智能市场增长预测（图片来源：大视野研究）

▸ ChatGPT 及其在娱乐行业中的潜在应用

ChatGPT 能够理解和回应用户的问询，生成定制的内容推荐，甚至提供个性化的客户支持。这些能力在娱乐行业中的游戏、音乐以及电影电视领域中都有许多潜在应用。

游戏业中的 ChatGPT

在游戏行业中，ChatGPT 可以被整合进游戏平台，并以各种方式为玩家提供协助。例如，由 ChatGPT 驱动的聊天机器人可以根据玩家偏好和游戏历史为其提供个性化的游戏推荐。它们还可以回答关于游戏的常见问题，并为玩家提供有用的提示和策略。此外，聊天机器人可以通过提供身临其境的环境来为玩家增强整体的游戏体验，让玩家感觉与之对战的更像是个真人而非机器。用户还能利用 ChatGPT 为视频游戏创建对话。AI 模型可以从海量的游戏脚本数据集中学习游戏对话的规范，继而利用这些信息为游戏中的非玩家角色（NPC）生成新的分支对话。这样就可以创造出更生动、更吸引人的游戏环境供玩家探索。新游戏环境也有望支持虚拟实景玩法，并为游戏设计开发新的途径。

音乐行业中的 ChatGPT

在音乐行业，ChatGPT 可以被整合到音乐流媒体平台中，帮助用户根据他们的音乐偏好发现新的艺术家和歌曲。由 ChatGPT 驱动的音乐聊天机器人可以分析用户的收听历史，以及用户年龄、性别和所处地区等因素，从而为其生成个性化的推荐。此外，ChatGPT 还可以根据用户的收听历史和偏好自动创建自定义播放列表。在电影和电视行业，ChatGPT 可用于分析用户反馈和情绪信息，帮助工作室和制片人更好地了解观众的反应，并对未来要开发的内容做出更明智的决定。ChatGPT 还可以根据用户的观看历史和喜好为其提供个性化的电影和电视节目推荐。此外，它还可用于自动制作字幕、配音和翻译，从而使全球观众更容易获得这些娱乐内容。

电影、互联网电视（Over-the-top Media Services，OTT）平台及针对剧作者的 ChatGPT

ChatGPT 能为电影和电视连续剧生成引人入胜的原创概念。用户可以使用一组成功的剧作脚本来训练模型，然后利用这些信息来设计新的故事转折、人物以及环境。举个例子：为了节省创作过程中的时间和精力，一家电影制作公司可以利用 ChatGPT 为他们即将推行的项目制作一个潜在的剧本创意清单。

以虚拟助手身份提供个性化内容的 ChatGPT

ChatGPT 可以在诸如聊天机器人或语音助手这样的虚拟援助服务中生成自定义的回复。模型可以在真实对话集上进行训练，进而习得自然语言的交互规范，然后利用这些信息为用户生成合适且个性化的回复。由此带来的结果是，用户的体验可能会更好，虚拟助手的反应速度会更快，工作效率也会更高（图 11-2）。

嘿，我想写一个关于一对夫妇旅行的浪漫故事，你能给我一段有一定长度的建议吗？

当然可以！以下给出我的具体的想法：
当这对夫妇一起开始他们的冒险之旅时，他们发现自己被去探索的新地点的奇景和美丽所吸引了。旅途中的所见所闻点燃了他们之间沉寂已久的火花。在探索新的风景和文化时，他们再次坠入了爱河，彼此间的联系也日益紧密。他们在星空下分享亲密的时刻，就着美味的饭菜互开玩笑，在壮丽的景色下紧紧地抱在一起欣赏日落。这段冒险之旅变成了一段自我发现和重燃爱火的旅程，他们知道自己会永远珍惜这些美好的回忆。

图 11-2　ChatGPT 根据上下文口述自创的故事

用 ChatGPT 来进行歌词写作

通过使用已有歌曲和诗歌的数据集来训练模型，ChatGPT 也可能生成诗歌或歌词。对于词曲作者和诗人来说，该模型可以通过研究优秀歌词的格式与设计来开发新的、创造性的内容。这可以加快词曲作者的创作过程，并帮助他们为作品想出新鲜、原创的内容。

娱乐领域的范畴并不限于电影、媒体和音乐等载体，它还包含各种休闲和消遣活动。从事娱乐活动，如讲笑话、寻求约会建议、学习新的礼仪以及参加课余活动都可以被视为娱乐的形式。此外，保持精神健康是日常生活的一个重要方面，而通过娱乐可以实现这一目标。配备现有训练模型的 ChatGPT 能够解决这些不同的娱乐需求，用户也可以通过使用最新的数据和 API 做进一步优化以帮助其提升性能。凭借其先进的自然语言处理能力，ChatGPT 可以满足用户的娱乐需求并提高他们的休闲体验。

ChatGPT 在精神健康领域的潜在使用案例

特别是在精神健康方面，ChatGPT 可以与用户进行对话，创设支持性和非评判性的环境，使用户能放心地与之讨论精神健康问题。它可以提供资源和应对策略来帮助用户管理他们的精神健康，如呼吸练习、冥想技巧或自我保健技巧。此外，ChatGPT 还能提供心理健康资源和信息，如热线电话、支持小组或线上治疗服务。它还可以帮助用户识别与挑战可能导致精神健康问题的消极思维模式或行为，为积极的改变提供鼓励与指导。再者，ChatGPT 还可以扮演虚拟伴侣的角色，为那些感到孤独或寂寞的人提供情感支持和陪伴。它可以帮助用户培养社会连接，建立支持网络，根据他们的兴趣或需求推荐本地活动或社团。事实上，它也可以推动日常道德的发展，因为它的机械指令能使其生成激励性的积极话语。

但可以肯定的是，作者并不建议人们过度依赖 ChatGPT，进而冷落医学科学。因为 ChatGPT 不能恰当地诊断出用户的健康问题，建议大家在必要时向精神健康专家寻求帮助，切勿迷信 GhatGPT 给的任何建议或沉迷依靠GPT 寻求治疗。

识记要点

- 根据大视野的研究报告，全球媒体和娱乐业的人工智能市场在 2020 年的市场规模为 108.7 亿美元（娱乐业因新冠疫情而得以高涨），2021 年为 148.1 亿美元。预计到 2030 年，这一数值将增加到接近 1 000 亿美元，2022—2030 年的复合年增长率为 26.9%。

- 有研究指出，人工智能在娱乐行业中存在各种应用，包括定制广告和内容推荐系统。

- 推动人工智能在媒体和娱乐行业增长的因素，包括对个性化内容的需求不断增长、自然语言处理算法和技术的进步，以及娱乐行业虚拟助手和聊天机器人的兴起。

- 全球娱乐业的聊天机器人市场的增长是在各种娱乐应用程序（如游戏、音乐和视频流服务）中越来越多地使用聊天机器人所驱动的。

- 对于人工智能在媒体及娱乐业发展的种种发现表明，由自然语言处理所驱动的娱乐服务（聊天机器人和推荐系统）有可能大大提升娱乐业的客户满意度和参与度。

- ChatGPT 能够理解和回应用户的问询，生成定制的内容推荐，甚至提供个性化的客户支持。这些能力在娱乐行业中的游戏、音乐以及电影电视领域中都有许多潜在应用。

第十二章

ChatGPT 在编码及编程中的
潜在应用

12

代码（coding）和编程（programming）是现代技术的两个基本技能，并且已经从根本上改变了我们与计算机和周围数字世界的互动方式。从根本上说，代码和编程指的是编写计算机能够理解和执行的命令，使它们能够执行复杂的任务并使程序自动化的种种行为。尽管代码和编程这两个短语常被视为同义，但两者之间还是有一些细微的区别。

编写代码，通常指的是用编程语言输入指令，以指导计算机做什么、如何做、何时做的一种行为。它要求用户编写一套详细的指令，计算机可以用它来完成单一操作或一组相关的活动。代码的范围可涵盖从使重复性任务自动化的简单脚本到为人工智能和机器学习系统提供动力的复杂算法。此外，编程则是一个更广泛的术语，它包含了创建软件应用程序的整个过程，包括程序的设计、测试和代码的调试。它要求操作者对编程语言、计算机系统和软件开发过程都有深刻的理解，还要求执行者结合分析、逻辑和创造性思维能力来设计和实施有效的软件解决方案。

▶ 代码和编程的未来：机会无限

代码和编程共同改变了我们的生活和工作方式，从智能手机和网站到自动驾驶汽车和医疗设备的一切都由这两项技能提供动力。对于对技术和创新心怀热情的人来说，代码和编程领域是一条激动人心和价值感满满的职业道路，它们也为相关从业者提供了从事尖端项目和解决复杂问题的机会。近年来，代码和编程已成为日益紧缺的技能，许多组织都寻求在这些领域具备专业知识的个人，以帮助推动组织的创新和数字化转型。无论你是对开发移动应用程序、构建网站还是创建人工智能系统感兴趣，代码和编程都会为你提供无尽的机会来塑造未来的技术世界，并将你的想法付诸实施。

2020 年，全球代码训练营市场规模为 6.023 亿美元。预计到 2028 年，这个数值将达到 13.656 亿美元，2021 年至 2028 年的复合年增长率为 10.2%。［来源：联合市场研究公司（Allied Market Research）］

而根据大视野的研究预测，从 2021 年到 2028 年，软件开发市场将以 17.6% 的复合年增长率增长，到 2028 年将达到 13 906 亿美元的市场规模。虽然市场数据看起来相当抢眼，但根据德国 Statista 统计数据库的数据，学会代码和编程语言所花费的年限中位数范围是 5 到 9 年（图 12–1）。

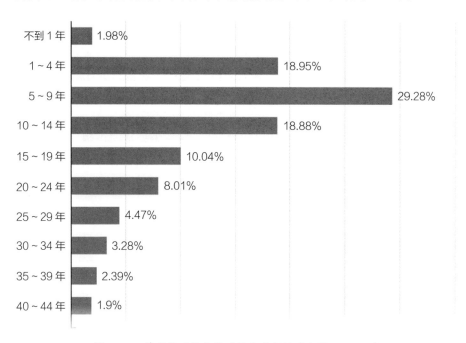

图 12–1 学习编码的平均时间需求数据（来源：Statista）

▶ ChatGPT 在代码生成和总结中的作用

虽然代码行业正在蓬勃发展，但其学习所需年限也在成比例地增加，这背后存在着某些显而易见的原因。代码是一项要求心智且强度很高的工作，许多代码人员都需要长时间工作或要面临由紧迫的截止日期所带来的压力。这可能会导致职业倦怠。这是一种个人在身体、精神和情感上的疲惫状态，会对工作表现和个人幸福感带来负面影响。此外，对时间的投资回报让人在心理层面上也明显不好接受。当代码人员使用快速修复或黑客手法来满足最后期限时，可能会导致他们背上技术性债务，并且需要在以后利用加班和额外资源来进行偿还。另一点是，代码行业在不断发展，新的技术和编程语言不断出现。要跟上这些变化，需要不断学习和提升专业水平。现在，可用于不同使用案例的常用编程语言和软件开发工具包（SDK）超过了 25 种，而且，它们的特性都很复杂。此外，任务特定需求实际上会给专业程序员带来更多挑战，因为他们甚至需要对已经经过修正的代码进行重新编程。

代码生成领域是 ChatGPT 对代码行业最重要的贡献之一。ChatGPT 可以帮助程序员根据预期功能的自然语言描述创建代码片段，甚至完整的程序，因为它可以生成连贯的、近似人类的语言。对于开发人员来说，这可能会节省时间和精力，特别是在时间紧迫的情况下。ChatGPT 可用于创建代码片段或功能的简明摘要，这一过程被称为代码总结。这对新手非常友好，而如果我们是要审查旧代码以快速理解代码库的含义时，ChatGPT 也很有帮助。代码总结还可以帮助识别和解决技术债务问题，因为它可以更容易地识别可能需要重构或优化的代码区域。ChatGPT 在代码方面的另一个有用的领域是自然语言编程。这涉及用自然语言，而非特定的编程语言来编写代码。这可以使不熟悉特定编程语言的非技术人员，例如业务分析师或项目

经理更容易理解代码。

一般编程知识

对于希望深入了解代码和编程语言世界的人来说，ChatGPT 是一个很好的资源。虽然它可能算不上是个非常资深的导师，但它肯定是能帮你获取该领域知识的有力媒介。凭借其庞大的数据库和自然语言处理能力，ChatGPT 可以帮助用户找到各种有用的资源，包括博客、书籍和有关代码语言的线上教程。无论你是彻头彻尾的新手，还是已经有一些代码技能但仍然希望提升自我的从业者，ChatGPT 都可以帮助你以专业的方式规划自己的学习路径。它能够理解你的目标和偏好，并为你的代码和编程语言学习提出个性化的策略。例如，它可以根据你的兴趣或职业抱负，提供首先学习哪种代码语言的建议。此外，ChatGPT 还可以帮助你确定与你的学习风格、时间表和预算相符的最佳学习平台和资源。它还可以帮你创建现实的时间表，并为你的代码之旅设定可实现的目标。

代码生成

ChatGPT 可以快速创建代码并确保高度的准确性。它可以通过接收代码模板和一组指令来创建适合独特需求的新代码。这样做可以帮助模型获得新的代码方法，并加速其开发过程（图 12-2）。

举个例子，下图展示的是 ChatGPT 如何在命令上生成一个代码片段的过程：

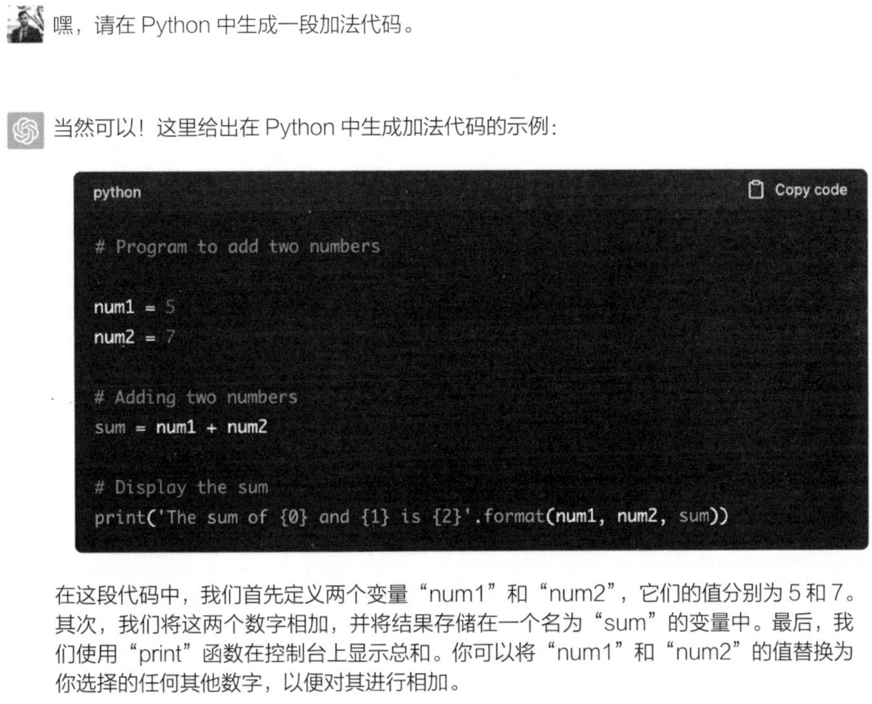

嘿，请在 Python 中生成一段加法代码。

当然可以！这里给出在 Python 中生成加法代码的示例：

```python
# Program to add two numbers

num1 = 5
num2 = 7

# Adding two numbers
sum = num1 + num2

# Display the sum
print('The sum of {0} and {1} is {2}'.format(num1, num2, sum))
```

在这段代码中，我们首先定义两个变量"num1"和"num2"，它们的值分别为 5 和 7。其次，我们将这两个数字相加，并将结果存储在一个名为"sum"的变量中。最后，我们使用"print"函数在控制台上显示总和。你可以将"num1"和"num2"的值替换为你选择的任何其他数字，以便对其进行相加。

图 12-2　ChatGPT 执行编码任务的示例截图

▶ 代码调试

接着，ChatGPT 可以为你提供如何识别和解决问题的信息，推荐可能的解决方案，甚至提供示例代码片段来帮助你更好地理解这个问题。它可以快速修复任何代码问题和代码片段中的任何错误。ChatGPT 还可以帮助你彻底修复代码的漏洞和问题，并提及导致先前错误的原因（图 12-3）。

举个例子，下图展示的是 ChatGPT 如何检测查询输入信息中的错误，并给出完善的、经过修正的答案的过程。

嘿，请在 Python 中调试这个加法代码：
a=6
b=4
sum=6-4

这段代码的问题：用于加法的运算符是"–"（减号）而不是"+"（加号）。要修复这段代码并将"a"和"b"相加，可以将第三行更改为：

```css
sum = a + b
```

所以，正确的代码应该是：

```css
a = 6
b = 4
sum = a + b
print(sum)
```

图 12-3　ChatGPT 指出任务的具体痛点并对其加以纠正的快照

代码自动完成

ChatGPT 可以根据当前上下文推荐的后续逻辑代码行来辅助完成代码。这使它可以相当高效地学习各种功能、技术和其他编程组件。一旦生成了代码的完成过程，就可以对代码进行讨论。我们可以通过提问来详细了解诸如代码目标、期望结果，以及任何相关的实施细节等具体问题。聊天机器人也可以提供关于代码的反馈和建议，这可以帮助我们理解代码中存在的任何 bug 或潜在的改进措施。通过参与这种互动辩论，代码编写者可以对代码方法有更多了解，并增强其对习得代码技能的信心。

代码的专业性与编辑

创建干净、组织良好的代码对于有效的软件开发至关重要。由于模块化的代码对开发人员来说更简单，也更容易阅读和理解，所以在类似的代码过程中产生缺陷或 bug 的可能性也会减少。系统性强的代码除了更容易维护、可扩展并且高效，也能更好地利用现有资源。通过使用统一的结构和代码方法，可以促进开发人员之间的合作，因为不同人员对代码所做的修改可能更容易被整合到一起。通过努力编写模块化的代码，开发人员可以生产出更容易维护，以及能随着时间的推移而进化的高质量软件，这也将催生出更完善的终端产品。而 ChatGPT 可以帮助你以专业的方式来构建代码，并以非常精巧的方式实现上述这些目的（图 12–4）。

嘿，你能用最快的编程语言在类和函数中构造冒泡排序算法的代码吗？

当然可以！下面给出在 Python 中使用类和函数结构实现冒泡排序算法的示例：

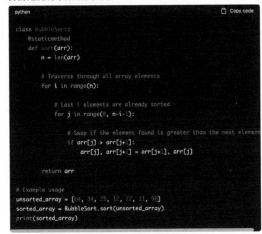

```python
class BubbleSort:
    @staticmethod
    def sort(arr):
        n = len(arr)

        # Traverse through all array elements
        for i in range(n):

            # Last i elements are already sorted
            for j in range(0, n-i-1):

                # Swap if the element found is greater than the next element
                if arr[j] > arr[j+1]:
                    arr[j], arr[j+1] = arr[j+1], arr[j]

        return arr

# Example usage
unsorted_array = [64, 34, 25, 12, 22, 11, 90]
sorted_array = BubbleSort.sort(unsorted_array)
print(sorted_array)
```

该项操作用静态方法"sort"定义了"BubbleSort"这一类别，这种方法会输入一个未排序的数组，以及返回排序后的数组。"sort"方法使用两个嵌套循环来遍历数组并在必要时交换元素，从而实现冒泡排序算法。
何为"最快"的编程语言取决于上下文和特定的使用案例。不同的编程语言有不同的性能特征，也要经过不同的权衡。然而，我们通常认为Python比C语言或Rust语言等更慢，不过它也更易读，更容易用其来编写代码。最终，哪种语言才算是最佳语言取决于项目的具体需求和限制。

图 12–4　ChatGPT 使用特定结构，针对特定任务，并询问适当的数据结构和关于
编程语言潜力的意见来解决具体代码问题的快照

识记要点

- 代码和编程共同改变了我们的生活和工作方式，它们提供了从智能手机和网站到自动驾驶汽车和医疗设备的一切动力。

- 对于对技术和创新心怀热情的人来说，代码和编程领域是一条激动人心和价值感满满的职业道路，它们也为相关从业者提供了从事尖端项目和解决复杂问题的机会。

- 近年来，代码和编程已成为日益紧缺的技能，许多组织都寻求在这些领域具备专业知识的人，以帮助推动组织的创新和数字化转型。

- 2020 年，全球代码训练营市场规模为 6.023 亿美元，预计到 2028 年这个数值将达到 13.656 亿美元，2021 年至 2028 年的复合年增长率为 10.2%。

- 虽然代码和编程市场的发展数据看起来相当抢眼，但根据德国 Statista 统计数据库的数据，学会代码和编程语言所需花费的年限中位数范围是 5 到 9 年。

- 代码生成领域是 ChatGPT 对代码行业最重要的贡献之一。

- 对于希望深入了解代码和编程语言世界的人来说，ChatGPT 是一个很好的资源。

- 无论你是彻头彻尾的新手，还是已经有一些代码技能但仍然希望提升自我的从业者，ChatGPT 都可以帮助你以专业的方式规划自己的学习路径。

- ChatGPT 能够理解你的目标和偏好，并为你的代码和编程语言学习提出个性化的策略。

- ChatGPT 还可以帮你创建现实的时间表，并为你的代码之旅设定可实现的目标。

● ChatGPT 可以快速创建代码并确保高度的准确性。

● ChatGPT 可以快速修复任何代码问题和代码片段中的任何
错误。

第十三章

ChatGPT 的问题解决能力

13

在当今世界，处理定量问题的能力正变得越来越重要。由于数据量的累积和技术的快速增长，使用定量方法正确评估和解决困难问题的能力已经成为许多职业的基本能力要求。如今，许多行业（包括商业、研究和医疗保健领域）在很大程度上都要依赖数据来驱动决策和解决问题。

▶ 以定量方式解决问题的重要性日益增加

以定量方法解决问题的主要优势之一是，它能对问题进行更客观和基于事实的评估。定量方式问题解决者可以利用数据和统计技术来分析模式与趋势，而这可能是主观观察无法立即发现的。定量研究可能会带来更加准确与可信的结果，从而最终改善决策的质量。此外，定量的方法还能使识别和解决问题的过程更加有效。通过将复杂问题分解成更小、更容易管理的部分，并使用数学模型和算法，定量问题解决者往往可以更快、更有效地找到解决方案。

定量方法中的另一个领域是决策科学（Decision Science），它在现代世界里的重要性正逐渐凸显，因为越来越多的企业和组织都在尝试以数据为驱动来做出决策。决策科学是一个跨学科的领域，它结合了数学、统计学、经济学和心理学等多学科元素，以期帮助个人和组织做出更优的决策。它可以帮助人们识别和减轻决策中的偏见。通过使用严格的分析方法和广泛考虑多种因素，决策科学家可以帮助决策者作出更加客观与明智的决策。

站在本书作者的角度，我们希望读者们能承认决策和更多定量方法的科学性，因为它极为全面地涵盖了数学和统计学的所有基本要素。而在行业层面上，量化策略师的薪酬水平也绝对算得上是业界顶级的，证券交易公司和高科技公司的从业人员尤甚。决策科学方面的另一个更大的领域是数据科学，它迎合的是更广阔的人工智能和机器学习市场、更复杂且更具战略性的算法、可视化，以及对数据的解释，这可能是当今市场上最受重视和最流行的职业道路。

虽然 ChatGPT 还不能完全解决核心的、复杂的量化问题，但它还是受过一些基本训练的，能够有效地解决中小规模的问题。它所具有的技能组合非常适合且能有效地处理各种问题，完成任务，这为寻求定量分析帮助的用户提供了宝贵的支持。

▶ 基础数学与统计学

作为 OpenAI 训练的语言模型，ChatGPT 拥有完善的自然语言处理系统，能够以具备较好的基本精度且高效的方式来进行各种数学运算。具体来说，ChatGPT 能够熟练地进行基本的四种数学运算，即减、加、乘、除。此外，它还具备执行高级数学运算的能力，如积分、导数、数列扩展和其他传统的高级运算。它在上述领域的操作水平使其能够处理那些不要求对数学和数学分析思维有较深理解的数学问题，而且它还可以处理市场上已经开源的复杂的数学问题，因此我们也可以说，它所具备的专业知识已经超出了基础和中级数学的要求（图 13-1）。

在 -2，2 范围内用 x 对 e^x-2 进行积分

 要对 e^x-2 进行积分，且 x 在 -2 到 2 的范围内，我们可以使用定积分公式：
f（-2，2）【e^x-2】dx
=f（-2 到 2）e^xdx-J（-2 到 2）2dx
我们可以分别对这些积分进行估值：
J（-2 到 2）e^xdx=[e^x]（-2 到 2）=e^2-e^（-2）
J（-2 到 2）2dx=[2x]（-2 到 2）=4-（-4）=8
将这些值代入原公式，我们得到：J（-2 到 2）【e^x - 2】dx= [e^2-e^（-2）]-8
因此，当 x 在 -2 到 2 的范围内，e^x-2 的定积分值是 [e^2-e^（-2)）]-8。

图 13-1　ChatGPT 采用顺序逻辑处理整合问题的示例

　　从其在统计方面展现出的专业水平上，我们也可以获得类似的结果。ChatGPT 在执行统计测量和分析干扰（如获得逻辑概率、标准差计算、差异计算、分布等）方面表现出了傲人的效率。这些基本的数学和统计学操作对学术学习、选拔性考试、招聘面试和日常练习非常有帮助。与此同时，这些又构成了许多复杂问题的初级层次。所以，用户在使用 ChatGPT 的反馈生成系统时，最终是可以逐步抵达许多复杂问题的核心解决方案的（图 13-2）。

 从一副被充分洗过的 52 张牌中抽出一张。计算一下这张牌是 A 的概率。

 一副标准的扑克牌（52 张牌）中有四张 A。所以，抽到 A 的概率：
P（ace）=A 的数量 / 牌的总数
P（ace）=4/52
对分子和分母以 4 约分，以此来简化这个分数，我们得到：
P（A）=1/13
因此，从一副洗好的 52 张牌中抽到 A 的概率是 1/13，或约为 0.0769，也可以用百分比表示：7.69%。

图 13-2　ChatGPT 采用提示顺序逻辑处理概率问题的示例

基本逻辑和推理

数理逻辑和推理能力是现代问题解决中经常被忽视的两项关键技能。这个被低估的部分包含了一系列的主题，包括数学难题、逻辑推理、数学级数、逻辑级数、数字模式以及视觉推理。数学难题需要使用数学概念来解决问题，而逻辑推理则需要使用演绎或归纳推理来得出结论。数学和逻辑级数涉及识别序列中元素之间的模式和关系，而数字模式则要求理解生成数字序列的基本公式或规则。视觉推理要求运用解释视觉线索的能力（如图表或图形）来解决问题。通过提升定量逻辑和推理能力的素质，用户可以提高他们的批判性思维和问题解决能力。这对数学、计算机科学、工程和金融等领域特别有益，这些领域的复杂问题往往对深入理解数学和逻辑思维有更高的要求。虽然 ChatGPT 所经受的训练还不足以使其能够完全胜任以上任务，但它仍然能够解决基本的模糊逻辑、数学难题、较少定性和不含视觉模式倾向的能力问题（图 13-3）。

 你有一个 3 升的罐子和一个 5 升的水壶。水壶上没有任何标记。现在有足够的水或有一个可用的自来水龙头。你要如何测量出 4 升水？

 这里提供一个可能的解决方案：
1. 打开水龙头，把 5 升的水壶装满水。
2. 从 5 升的水壶往 3 升的罐子里倒水，得到 3 升的水。
3. 现在这个 5 升的水壶里装了 2 升水（5-3=2）。
4. 倒空 3 升的罐子，再从 5 升的水壶往罐子里倒水，得到 2 升水。
5. 把 5 升的水壶灌满。
6. 把 5 升的水壶里的水倒进 3 升的罐子里，直到罐子被装满。此时 5 升的水壶里还剩下 1 升水。
7. 3 升的罐子里现在有 4 升水（3+1=4）。
因此，通过使用 5 升的水壶和 3 升的罐子，可以量出 4 升水。

图 13-3　ChatGPT 采用顺序逻辑处理数学难题的示例

▶ ChatGPT 的问题解决能力（定性角度）

定性解决方法指的是一种在试图解决问题之前着重于理解问题背后的基本原理和概念的问题的解决方法。这种方法通常用于科学、工程和商业等领域。要解决这些领域的复杂问题，就需要更深入地了解其潜在机制和变量之间的关系。定性问题解决方法涉及将问题分解为基本的组成部分，并从多个角度进行分析，以获得对问题的整体理解。这种方法通常会用到诸如观察、访谈和案例研究等定性数据来确定变量之间的模式和关系。定性问题解决的一个关键优势是，它允许个人识别和解决问题的根本原因，而不是简单地分析其症状。这种方法在复杂的问题解决场景中特别有用，因为诸如此类的问题的根本原因可能并不显而易见。

▶ ChatGPT 在定性问题解决中的作用

使用定性的方法可以从不同的视角来对特定问题进行研究，并可能帮助我们接近或发展许多理论性的概念。作为一种生成式的 AI 工具，ChatGPT 实际上可以通过解决原始逻辑来获得基本输出。虽然它还不太适应人类水平的定性分析，对其观点的收集也只可作为学习数据的一部分，但 ChatGPT 可以掌握概念并在其基础上进行构建，且效果立竿见影。仅就问题解决情境而言，它还能帮助处理问题，以更聚焦的视野和更明确的目标来靠近最终的想法。这也可以帮助研究团体或管理团队以一种非常熟练的方式去管理他们的研究或企业项目。

下面这三则对话总结了如何使用 ChatGPT 以定性的方式解决问题。在例 1 中，它展示的是快速解决逻辑推理流程（图 13-4）：

例 1

> A 是 B 的妹妹。C 是 B 的母亲。D 是 C 的父亲。
> E 是 D 的妈妈。那么，A 和 D 是什么关系？

> A 是 C 的父亲（D）的女儿，因此 A 是 D 的孙女。

图 13-4　用 ChatGPT 解决定性逻辑问题

例 2 展示的是 ChatGPT 如何针对特定问题提供研究大纲（图 13-5）：

例 2

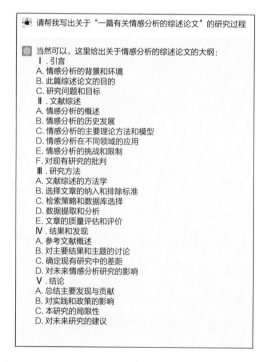

图 13-5　ChatGPT 生成的情感分析研究综述项目纲要

例 3 展示的是 ChatGPT 如何针对一个哲学原理给出不同的解释（图 13-6）：

例 3

用不到 200 个字给出四种关于"亚里士多德原则"的解释。

亚里士多德原则,也称思想法则,它是一套支撑逻辑推理和理性思维的三个基本原则。这些原则对哲学的许多不同领域(包括逻辑学、认识论、形而上学和伦理学)都至关重要。下面给出对亚里士多德原则的四种解释:

1. 逻辑性原则:亚里士多德原则为逻辑推理和演绎提供了基础。它们会确保论证和陈述在逻辑上是有效的,其中不存在矛盾。这意味着我们可以利用这些原则来确定一个论点或陈述在逻辑上是否合理,并构建有效的逻辑论证。

2. 认识论原则:亚里士多德原则为知识和理解提供了基础。它们确立了某些条件,在这些条件下,我们能够判断某件事情的真假。通过遵循这些原则,我们可以确定一个信念是否合理,以及一个命题是真是假。

3. 形而上学原则:亚里士多德原则为理解现实的本质提供了框架。它们确立了存在的基本类别和支配它们的规则。通过遵循这些原则,我们可以理解周围世界的性质,包括其基本结构和支配它的规律。

4. 伦理原则:亚里士多德原则为伦理推理和决策提供了基础。它们确立了一致性、连贯性和非矛盾性的原则,这些原则对伦理行为至关重要。通过遵循这些原则,我们可以做出符合逻辑的、与我们的价值观和信仰相一致的伦理决定。

图 13-6　ChatGPT 针对"亚里士多德原则"给出的四种不同解释

识记要点

● 作为 OpenAI 训练的语言模型,ChatGPT 拥有完善的自然语言处理系统,能够以具备较好的基本精度且高效的方式来进行各种数学运算。

● ChatGPT 在初级及高级数学运算上的操作水平使其能够处理那些不要求对数学和数学分析思维有较深理解的数学问题,而且它还可以处理市场上已经开源的复杂数学问题,因此也可以说它所具备的专业知识已经超出了初级和中级数学的要求。

● 数量逻辑和推理能力是现代问题解决中经常被忽视的两项关键

技能。

- 上述两项被低估的部分包含了一系列的主题，包括数学难题、逻辑推理、数学级数、逻辑级数、数字模式以及视觉推理。

- 通过发展定量逻辑和能力推理素质，用户可以提高他们的批判性思维和问题解决能力。

- 虽然 ChatGPT 所经受的训练还不足以使其能够完全胜任这些任务，但它仍然能够解决基本的模糊逻辑、数学难题、较少定性和不含视觉模式倾向的能力问题。

- 定性解决方法指的是一种在试图解决问题之前着重理解问题背后的基本原理和概念的问题解决方法。

- 作为一种生成式 AI 工具，ChatGPT 实际上可以通过解决原始逻辑来获得基本输出。

- 虽然 ChatGPT 还不太适应人类水平的定性分析，对其观点的收集也只可作为学习数据的一个部分，但它可以掌握概念并在其基础上进行构建，且效果立竿见影。

第十四章

ChatGPT 在金融业中的
使用案例

14

图中给出了研究与市场（Research and Markets）的数据，向我们说明了人工智能市场是如何在各行业中扩张的，其复合年增长率和市场份额又是如何增长的（图14-1）。该领域的市场广度和其他统计信息已经被广泛分享过，接下来的章节我们将更专注于对特定行业的讨论。

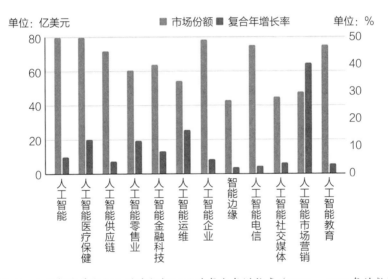

图 14-1　人工智能特定行业的市场概况及其复合年增长率（2017—2018 年的数据）

▶ 金融科技业与银行业的演变

银行业和金融科技业是一个不断发展的行业，它将银行提供的传统金融服务与最新的技术进步结合在一起。数百年来，银行业始终作为全球经济的基石为个人和企业提供金融服务。这些服务包括支票和储蓄账户、贷款、信用卡以及投资产品。传统银行在严格监管下依靠实体分行来服务客户。此外，金融科技指的是包括软件、应用程序和其他技术工具在内的金融技术，其设计旨在简化金融服务和改善客户体验。金融科技公司可以提供数字及移动服务，如网上银行、移动支付等服务，这颠覆了传统的银行业。金融科技的崛起导致银行业的竞争加剧，促使传统银行加大技术投资并优化数字产品。与此同时，金融科技公司也与银行展开合作，以期为用户提供新的金融产品和服务。

银行业和金融科技业拥有庞大且在不断扩张的市场规模，它们是全球经济的一个重要组成部分。根据大视野研究的调查，2020 年全球金融科技行业的规模估计为 112.4 亿美元，预计从 2021 年到 2028 年该市场将以23.8% 的复合年增长率增长。传统银行业的市场规模也相当可观：世界银行（World Bank）早就做出过估计，全球银行业的资产在 2021 年预计将超过150 万亿美元。其中，商业银行、投资银行及其他金融组织的资产总额都囊括在内（图 14-2）。

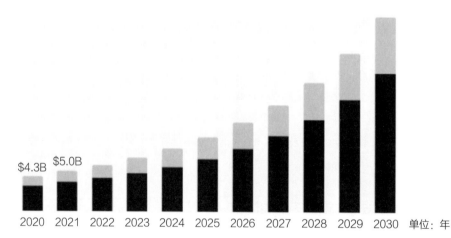

$4.3B $5.0B

2020 2021 2022 2023 2024 2025 2026 2027 2028 2029 2030 单位：年

图 14-2　对美国在 2022—2030 年银行业复合年增长率及其增长额的数据预估（2017—2021 年的数据）[来源：园景研究（Garden View Research）]

人工智能在银行业的主要应用途径是创建聊天机器人和虚拟助手。这类解决方案使用自然语言处理与机器学习算法来理解和回复消费者的问询，并为其提供快速有效的客户支持。机器学习算法被用于欺诈检测和预防，它使用人工智能来发现可疑的交易并阻止欺诈行为。这能帮助银行降低因欺诈所导致的损失，从而达到节省资金的目的。人工智能也可以为用户提供独一无二的消费体验。银行可以对每个客户的数据和行为进行评估，为其提供个性化的建议与服务，从而提升他们的幸福感和忠诚度。

ChatGPT 对金融科技行业有着十分广泛的影响。金融科技业是一个正在迅速扩张与发展中的行业，而 ChatGPT 则是这一演变的重要组成部分。现在，金融科技企业可以将许多重复性劳动自动化，从而释放出人力来从事更具难度的工作。此外，ChatGPT 还帮助金融科技企业更好地理解客户的需求与喜好，从而提升其商品和服务的质量。再者，这项技术能够帮助金融科技公司更有效地迎合相关部门的监管标准，这对一个受到高度监管的行业而言是至关重要的。

▶ 在银行业和金融科技业中充分利用 ChatGPT

ChatGPT 为金融科技公司带来了广泛的优势，如提高运营效率、节约成本，以及提供优质的客户服务。此外，这项技术还使金融科技公司得以更为深入地了解客户的需求和偏好，从而为其开发出更有针对性且更有效的产品和服务。

客户体验的改善

ChatGPT 可用于开发聊天机器人和虚拟助手，为客户提供快速高效的服务。企业可以经由编程将其设置为能够理解及回应客户咨询和投诉的模式，进而为客户提供全天候的支持。将 ChatGPT 与现有开发平台进行 API 整合，可以提高所有查询的响应质量并减少人力操作成本。

欺诈检测及预防

使用 ChatGPT 进行欺诈检测和预防除了确实能够保护用户，还有一些额外的好处。银行和金融科技公司可以通过阻止欺诈行为将原本会因此而损失的大量资金保存下来。此外，对欺诈行为的检测和消除还能提振消费者对企业的信心。随着时间的推移，这可能会为企业带来更多的客户及更高的收入。

个性化

ChatGPT 可以分析用户的交易历史、消费模式及其他行为数据，以帮助企业获得针对客户需求及偏好的宝贵见解，进而为其提供更适配个人要求的定制化解决方案。通过个性化的推荐和服务，ChatGPT 可以帮助银行和金融科技公司提高用户满意度和忠诚度，并逐渐为企业增收。如果企业能为用户提供符合其需求和偏好的个性化服务以及建议，用户就更有可能对其保持忠诚。除此以外，提供个性化服务还能帮助银行和金融科技行业吸引到正在寻求定制化方案的新客户，更好地满足其需求，提升银行系统的客户留存率，从而增加管理资产总额。

提升整体效率和业绩

企业应用 ChatGPT 将重复劳动自动化会带来许多好处。首先，它可以减少人们在重复劳动上所花的时间，进而提升产量。这可以帮助企业在不增加新的人力资源的前提下增加产出，而前者的方案既昂贵又耗时。此外，任务自动化也有助于减少工作中的失误和不一致，这会带来更高质量的产出和更好的客户体验。

提高速度和准确性

通过利用最尖端的自然语言处理技术，ChatGPT 可以迅速处理不同的数据源并为之赋予意义，从结构化的数据集到非结构化的文本数据都是如此。该模型可对大量数据进行筛选并对有意义的模式与见解进行识别，使其能够及时有效地协助决策者做出明智的决定。

担任机器人顾问

ChatGPT 可以帮助分析金融数据和市场模式，为客户提供有用的投资建议和指导。它可以利用其巨大的金融信息库和尖端的自然语言处理技能，协助银行和金融科技公司为消费者提供个性化和知识性的投资建议。客户可以利用 ChatGPT 的洞察力做出更明智的投资决定，这有可能为他们带来更高的回报并提升其财务稳定性。这项技术对于期望改善客户体验并使自己在竞争中脱颖而出的金融组织而言具备特殊的价值。

风险管理

在银行业和金融科技业中，识别和降低风险的能力是至关重要的。企业可以利用 ChatGPT 的分析能力来了解哪部分业务容易出现问题，进而通过积极主动地规避这些风险，来减少可能发生的财务损失、声誉损害和其他可能由危险活动所导致的不利影响。另外，通过使用 ChatGPT 来识别可能的问题，银行及金融科技公司还可以制订更有效的风险管理计划。在充分认识到运营过程中可能存在的危险后，企业可以针对特殊情况制定专门的风险管理策略。

考虑到客户满意度的重要性，银行可以提供全天候的支持来将自己与对手区分开来。ChatGPT 可以通过复杂算法对海量数据进行分析，继而为用户提供实时建议。未来银行业是否具备优势的重要一方面就在于它们是否能向客户提供这种服务，或者这些数据是否能帮助银行家进行决策。最后，ChatGPT 降低风险的潜力是银行考虑部署该项技术的主要动力。客户更倾向于选择安全性更高的银行。随着人工智能的逐渐普遍化，ChatGPT 会在未来

对银行业产生许多潜在影响。

识记要点

- 研究与市场的数据向我们说明了人工智能市场是如何在各行业中扩张的，其复合年增长率和市场份额又是如何增长的。

- 金融科技公司可以提供数字及移动服务，如网上银行、移动支付等服务，这颠覆了传统银行业。

- 银行业中的聊天机器人和虚拟助手等解决方案，使用自然语言处理和机器学习算法来理解和回复消费者的问询，并为其提供快速有效的客户支持。

- 机器学习算法被用于欺诈检测和预防，它使用人工智能来发现可疑的交易并阻止欺诈行为。

- 银行可以对每个客户的数据和行为进行评估，为其提供个性化的建议与服务，从而提升他们的幸福感和忠诚度。

- ChatGPT 对金融科技行业有着十分广泛的影响。

- ChatGPT 能够帮助金融科技公司更有效地迎合相关部门的监管标准，这对一个受到高度监管的行业而言是至关重要的。

- 企业可以利用 ChatGPT 的分析能力来了解哪部分业务容易出现问题。

- 通过使用 ChatGPT 来识别可能的问题，银行及金融科技公司还可以制订更有效的风险管理计划。

第十五章

ChatGPT 在医疗保健行业中的使用案例

人工智能与医疗保健同为两个快速发展的行业，它们之间的融合也在逐渐增加。通过提升患者的治疗效果、降低成本并提高医疗系统的整体效率，人工智能有可能改变医疗保健行业。使用算法和计算机程序来执行通常需要动用人类智力去进行的操作，如语音和图片识别、自然语言处理以及决策，这个过程就是人工智能。

▲ 人工智能在医疗保健中的应用

人工智能在医疗保健行业有广泛的用途，包括疾病诊断、新药开发、医学成像、电子健康记录以及定制医疗。人工智能可以针对海量数据进行分析，发掘模式并预测结果，从而协助医务人员做出更准确的诊断，制定更有效的治疗方案并为患者带来更好的治疗效果（图 15-1）。

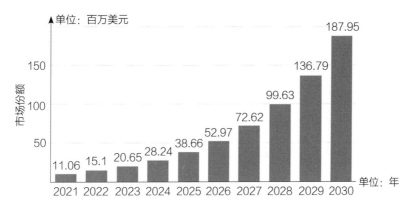

图 15-1　人工智能在医疗保健行业的全球市场份额数据与康纳·斯图尔特（Connor Stewart）数据（来源：Statista）

▶ 人工智能在医疗保健行业的市场不断增长

在未来几年，预计医疗领域的人工智能市场规模将大幅度增长。2020年，人工智能在医疗保健领域的全球市场估值为 49 亿美元，预计从 2021 年到 2028 年，该领域将以 41.5% 的复合年增长率增长。据康纳·斯图尔特的另一项数据显示，2021 年，人工智能在医疗领域的平均估值约为 110 亿美元，预计到 2030 年该领域的复合年增长率将保持在 37%。对有效的疾病诊断与治疗和定制化医学的渴望，以及人工智能在医学研究和药物开发中的广泛应用是推动人工智能在医疗保健领域扩张的一些驱动因素。基于人工智能的技术被应用到了疫苗研究、诊断成像和远程病患监测当中。新冠疫情的大流行则进一步推动了人工智能在医疗领域的应用。

与其他人工智能科技及模式一样，为了评估和理解非结构化的临床数据，如医生的笔记、患者的图表以及电子健康记录，医疗保健行业也开始越来越多地应用自然语言处理技术。该项技术可以通过从上述数据中收集有用的信息来协助专业的医疗保健人员做出更好的决策并改善病患的治疗效果。

在医学疾病、药物和治疗方面，ChatGPT 可以提供精确且时新的信息。患者和医护人员都可以在上面提问并得到及时、准确的答复。ChatGPT 可以通过相关信息，根据患者的症状和病史对潜在疾病提出建议，进而协助医疗专业人士进行诊断。精神疾病患者及慢性病患者可能也会从它所提供的情感支持和咨询中获益。ChatGPT 所能提供的资源可能包括应对策略、自我常规护理和支持系统的来源与细节。它还可以为非母语患者提供翻译服务，以此帮助消除病患与医疗服务提供者之间的沟通障碍。医疗保健从业人员可以通过 ChatGPT 实现预约安排、药物补充和保险核验等行政任务的自动化，进而聚焦对患者的治疗工作。

⚑ ChatGPT 在医疗保健和医药行业中的应用

ChatGPT 可以通过为患者提供个性化的帮助，并利用其先进的自然语言处理能力分析医疗数据来彻底颠覆医疗保健行业。

虚拟数字医疗助手

相关机构可以使用 ChatGPT 来创建一个虚拟数字医疗助手，帮助患者计划预约、接受治疗以及维护健康信息等事宜。由于远程医疗技术的发展，许多患者越来越多地选择了在家治疗的方式，而由 ChatGPT 所驱动的虚拟数字医疗助手可以为患者提供远程健康维护所需的各种指导与帮助。

医疗保健数据分析与翻译

ChatGPT 可以为医疗专业人士提供快速和可靠的支持，进而节省他们的宝贵时间。凭借其分析海量数据的能力，ChatGPT 可以为医疗服务提供者提供他们先前可能并未考虑过的见解与建议，这可以使诊断结果更准确、治疗计划更有效，最终也能改善患者的恢复情况。

除了提供建议，ChatGPT 还可以协助监测及管理患者的护理情况。它可以分析患者的数据并向医疗服务提供者实时更新其变化来帮助识别潜在的问题或并发症，避免其恶化。

服药顾问

对患者来说，管理服药进程可能是一项艰巨的任务，特别是对那些服用多种药物或药物治疗方案特别复杂的患者。按照医生规定的用药时间表和剂量来服药是成功治疗的关键。然而，患者在遵循这些指示时可能会面临挑战，由此或将导致产生不良反应或并发症。ChatGPT 可以成为帮助患者有效进行药物管理的工具。它可以提醒患者按时服药，并同时说明剂量要

求和潜在的副作用。它还可以帮助患者了解坚持用药的重要性，并就不坚持服药的潜在风险对患者进行说明。

医疗跟踪记录维护

对于医疗服务提供者来说，医疗记录的维护工作可能既费时又困难，特别是在要记录患者的接触史与个人病史的时候。而 ChatGPT 可以通过自动总结患者的接触史和医疗信息来简化这一流程。该项技术可以根据医疗工作者口述的笔记来自动生成包括症状、诊断和治疗在内的重要信息摘要。这些自动摘要可以帮助医务人员高效地审查和理解患者的数据，从而为患者提供更有效的护理和治疗。ChatGPT 还可以协助从病案记录中提取相关信息，比如化验结果或成像报告。将这一过程自动化可以为医疗专业人员节省时间，并减少人工记录情境下会产生的人为错误所带来的风险。

医学写作

ChatGPT 可以帮助医护人员节省时间、减少失误风险，同时确保其操作过程符合医疗法规与准则。此外，ChatGPT 生成的报告可以为患者提供有关其医疗状况、诊断和治疗的清晰简洁的信息，改善患者的就诊体验，并帮助医护做出更明智的医疗决策，也帮助患者获得更理想的治疗效果。总的来说，ChatGPT 可以提高医疗报告编写与归档的效率和质量，为医护人员的工作减负，同时提升患者的护理效果。

药物信息

ChatGPT 可以通过提供药物的实时信息，包括副作用、相互作用和可能的禁忌证，帮助患者做出明智的处方决定。除了提供药物信息，它还可以提供药物的正确剂量、药用方法和储存药物方面的建议。这对药物治疗方案特别复杂或同时服用多种药物的人特别有用。对特定药物过敏或不耐受的患者可以通过向 ChatGPT 提问来寻找替代性药物进行治疗。通过使用该项技术，他们可以随时了解新的治疗方法、药品召回以及制药业的其他重大发展。这对那些需要在不断变化的情况下迅速决定如何治疗患者的医护人员来说尤其有帮助。

医学研究

ChatGPT 可以为医学生和医护人员提供实时的相关医学信息与资源。利用其先进的自然语言处理能力，它可以帮助医护人员快速搜寻和检索各种最具相关度的医学信息。这可以帮助医护人员做出更明智的决定，并改善患者的治疗效果。

健康监测框架

当现有趋势和异常状况提示可能存在新疾病发作或现有疾病传播时，ChatGPT 有能力侦测到这些变化。这能帮助公共卫生官员和医疗专业人员作出决定并采取行动，以阻止疾病蔓延。此外，ChatGPT 还可以向公众、医疗专业人员和公共卫生官员发出自动通知，帮助在疾病可能暴发的情况下及早做出响应。这可以挽救生命并阻止疾病的传播。ChatGPT 可以通过对全球健康数据的实时洞察，使个人和组织能够主动采取措施来预防和控制疾病。

▶ 在医疗领域应用人工智能所应承担的责任

最后，虽然人工智能有可能改变医疗保健行业，但我们应该明白，技术无法取代人类医疗保健工作者的位置。人工智能应被视为一种工具，它能帮助医疗从业者做出明智的决定，并为患者提供更好的治疗。此外，人工智能算法和模型的质量取决于进行训练的数据。为了防止目前卫生资源不平等的现象持续存在，至关重要的是要确保用于训练人工智能模型的数据是客观的、多样的，并能代表社区的情况。最后，人工智能在医疗保健领域的使用催生了与隐私、道德和法律相关的问题，必须彻底审查和解决这些问题，以确保这些技术被适当和安全地应用。为了保证人工智能为患者和整个社会服务，即使它有可能成为医疗保健领域的强大工具，在对其进行部署时也必须保持谨慎、开放和负责任的态度。

作为本书的作者，我们从不建议使用 ChatGPT 或任何同等的其他人工智能工具作为任何医疗专家和相关从业者的潜在替代品。

识记要点

- 人工智能在医疗保健行业有广泛的用途，包括疾病诊断、新药开发、医学成像、电子健康记录以及定制医疗。

- 人工智能可以针对海量数据进行分析，发掘模式并预测结果，从而协助医务人员做出更准确的诊断，制订更有效的治疗方案并为患者带来更好的治疗效果。

- 2020 年，人工智能在医疗保健领域的全球市场估值为 49 亿美元，预计从 2021 年到 2028 年，该领域将以 41.5% 的复合年增长率增长。

- 对有效的疾病诊断与治疗和定制化医学的渴望，以及人工智能在医学研究和药物开发中的广泛应用，是推动人工智能在医疗保健领域扩张的一些驱动因素。

- 与其他人工智能科技及模式一样，为了评估和理解非结构化的临床数据，如医生的笔记、患者的图表以及电子健康记录，医疗保健行业也开始越来越多地应用自然语言处理技术。

- ChatGPT 在医疗保健和医药行业中的应用：虚拟数字医疗助

手，即相关机构可以使用 ChatGPT 来创建一个虚拟助手，帮助患者计划预约、接受治疗以及维护健康信息等事宜。

● ChatGPT 可以成为帮助患者有效进行药物管理的有价值的工具。

● 医学研究：ChatGPT 可以为医学生和医护人员提供即时的相关医学信息与资源。

● 当现有趋势和异常状况提示可能存在新疾病发作或现有疾病传播时，ChatGPT 有能力侦测到这些变化。

● ChatGPT 可以通过提供对全球健康数据的实时洞察，使个人和组织能够主动采取措施来预防和控制疾病。

● 最后，虽然人工智能有可能改变医疗保健行业，但我们应该明白，技术无法取代人类医疗保健工作者的位置。

第十六章

ChatGPT 在电商行业中的使用案例

16

电子商务（e-commerce），又称电商，该术语描述的是在线购买和销售产品与服务的过程。互联网和数字技术的出现改变了零售环境，为企业开辟了与客户联系的新渠道，使人们能够简单地在家购物。随着选择网购的人越来越多，电商能购买的商品也涵盖了从杂货和家居用品到服装和小玩意儿的各个品类，电商业务在近几年迅速扩张。自从亚马逊（Amazon）、易趣网（eBay）和阿里巴巴（Alibaba）等电商平台名声大噪，传统的实体企业不得不通过创建自己的在线业务来适应行业的转变。

▶ 全球电商市场概述

在过去的几年里，电子商务市场一直在稳步增长，预计在可预见的未来将继续保持上升势头。根据电商营销家（eMarketer）的数据，2020 年全球电子商务销售总额达到了 4.2 万亿美元，而在 2021 年，这个数字达到了 5.2 万亿美元，比前一年增长了 27.6%，预计该领域将以 56% 的速度增长，其销售额将在 2026 年达到 8 万亿美元左右。到 2024 年，电子商务领域的销售额将达到 6.4 万亿美元，占全球零售总额的 21.8%。电商市场由亚马逊、阿里巴巴和易趣网等几家大公司主导。亚马逊是全球最大的电子商务零售商，其销售额约占全美电子商务总销售额的 38%，占全球的 14%。而中国最大的电商公司则是阿里巴巴，它也是世界第二大电子商务公司，其零售额占到了中国全部线上零售额的 55%。易趣网的规模虽然不及前两者，但其仍然是电子商务市场的主要参与者，拥有超过 1.85 亿位活跃的买家和 15

亿件商品。

虽然有这些巨头主导着电子商务市场，但小型企业仍有空间开辟利基市场并取得成功。社交媒体和网红营销的兴起使小型企业能够在不花费大量广告预算的情况下接触到客户并建立品牌知名度。此外，移动商务的发展和越来越多的平价电商平台的出现，使各种规模的企业都能更容易地开设网店并触达全球客户（图 16-1）。

图 16-1　全球电子商务零售额数据（来源：Statista）

▶ 人工智能在电商行业中的应用：客户体验和效率

人工智能和电子商务这两项技术正在迅速改变着商业环境。电子商务领域越来越多地使用人工智能解决方案，因为人工智能可以提高消费者满意度，提升生产力，并刺激收入增加。个性化的产品建议、客服聊天机器人、欺诈检测和预防以及库存管理是人工智能在电子商务中的几种使用案例。人工智能可以分析大量数据并产生可用于增强消费者体验的建议，这一能力是该技术在电子商务中的主要优势之一。人工智能可以通过检查客户的行为、偏好和购买历史，生成更有可能促成销售的定制化产品建议。由人工智能驱动的聊天机器人还可以为客户提供即时和个性化的支持，帮助提高客户满意度和忠诚度。

人工智能也被用于提高电子商务运营的效率，特别是在库存管理、欺诈检测和预防等领域。通过使用人工智能欺诈检测系统，可以快速可靠地识别欺诈交易，从而降低退款和经济损失的风险。该项技术还可用于估计需求，优化库存水平，并确保按需供货。

► ChatGPT 在电商业务中的应用

ChatGPT 可以通过提供个性化的帮助、提高客户满意度和促进销售，从而彻底改变电商企业与客户的互动方式。其所具备的先进的自然语言处理能力可用于创建聊天机器人、虚拟助手，甚至能基于客户行为和购买历史进行个性化的产品推荐。ChatGPT 还可以辅助进行欺诈检测和库存管理，提高运营效率，减少损失。该技术对于希望在快速发展的电商行业中保持竞争力的企业具有巨大潜力。

个性化的聊天机器人

ChatGPT 是一种多功能技术，它可以为电商企业提供许多好处。最显著的优势之一就是它有控制聊天机器人的能力。聊天机器人可以为企业提供全天候的客户服务支持，使他们能够快速有效地处理大量的客户问询和支持请求。它还可以基于客户的偏好和过往购买情况向他们提供个性化的产品推荐。利用 ChatGPT 的自然语言处理能力，聊天机器人可以理解并以类似人类的方式回应客户的问询，增强客户体验。此外，聊天机器人还可以协助客户完成订购过程，引导他们完成购买过程，并回答关于运输、退货和其他相关政策的任何问题，传达交货时间或任何有关延误（如果有的话）的信息，并将客户引导到产品介绍界面。总之，由 ChatGPT 驱动的聊天机器人可以帮助企业改善客户服务，提高客户满意度，并刺激销售。

营销策略

电商企业利用 ChatGPT 的方式之一是制定个性化的营销策略。凭借其先进的自然语言处理能力和机器学习算法，ChatGPT 可以分析大量的客户数据以识别其消费模式及偏好。企业可以利用这些信息来开发个性化的营销策略，促使客户产生共鸣，增加销售转化的可能性。此外，ChatGPT 还可以根据客户的购买历史和浏览行为推送商品，从而辅助进行产品推荐。这一功能不仅能增强客户体验，还能通过推广相关产品帮助企业提高销售额。有了 ChatGPT，电子商务企业可以通过提供定制化的营销信息和建议，满足每个客户的独特需求，从而在竞争激烈的数字市场中获得竞争优势。

优化供应链

电商企业可以利用 ChatGPT 来加强其内部运作。实现这一目标的方法之一是将诸如库存管理和供应链优化等流程自动化。ChatGPT 可以通过预测未来的需求模式和识别畅销产品来帮助企业优化其库存水平。这可以帮助电子商务企业降低缺货和库存过多的风险，最终促进销量的增加与客户满意度的提高。此外，ChatGPT 可以通过预测交货时间和交付日期来协助供应链优化，使企业能做好补货计划，从而更有效地管理他们的资源。通过将此类流程自动化，企业可以节省时间和资源，同时也可以增加其营业额。

创建产品描述

ChatGPT 可以创建抓人眼球的产品描述，以展示产品的独特卖点，增强客户在电商平台上的购物体验。该模型可以分析产品的规格和特点，并精心制作吸引人的描述，突出能为潜在客户带来的好处。通过使用创造性的语言和讲故事的技巧，ChatGPT 可以有效地向客户传达产品的特点与优势，最终影响他们的购买决策。

例如，假设一家电商企业正推出一个新的运动鞋系列。在这种情况下，ChatGPT 可以生成描述，以强调鞋子所用的先进技术、独特设计及其耐穿性。此外，它还可以结合客户的反馈和评论，创建更具个性化和更有针对性的产品描述。

基于用户对产品的反馈进行情感分析

ChatGPT 辅助电商企业的另一个重要方式是分析客户反馈和产品评论。通过使用自然语言处理和情感分析技术，ChatGPT 可以确定客户评论的整体情感倾向，让企业深入了解其产品表现和产品质量。这些信息可以帮助企业基于数据做出决策，以改善其产品和客户服务。此外，ChatGPT 还可以为企业提供评论摘要，突出其中的共同点，并确定可以改进的领域。这对于希望掌握客户反馈并确保满足客户需求和期望的企业来说是一个有价值的工具。

在面向不同客户时，ChatGPT 可以使用上述所有技术，针对客户的角色在不同的产品上运行平行的交叉销售与向上销售策略。虽然 ChatGPT 的开发仍处于早期阶段，但从各种使用案例中可以看出，它确实能带来许多好处。它可以利用其自然语言的理解和个性化的推荐能力来为自己获取竞争优势，加强客户体验，促进销售。

此外，ChatGPT 可以帮助电商企业与其客户建立更牢固的关系，最终带来更高的客户满意度和忠诚度。它有可能帮助企业增加市场份额，并促进其电商业务的收入增加，因此，这项技术也成为那些寻求增长并期望改善运营的企业的宝藏。随着技术的不断发展，更早利用 ChatGPT 的企业可能

更能建立起对竞争对手的巨大优势。

识记要点

- 到 2024 年，电子商务领域的销售额将达到 6.4 万亿美元，占全球零售总额的 21.8%。

- 中国最大的电商公司是阿里巴巴，它也是世界第二大电子商务公司，其零售额占到中国全部线上零售额的 55%。

- 个性化的产品建议、客服聊天机器人、欺诈检测和预防以及库存管理是人工智能在电子商务中的几种使用案例。

- ChatGPT 可以通过提供个性化的帮助、提高客户满意度和促进销售，从而彻底改变电商企业与客户的互动方式。

- ChatGPT 所具备的先进的自然语言处理能力可用于创建聊天机器人、虚拟助手，甚至能够基于客户行为和购买历史进行个性化产品推荐。

- ChatGPT 可以创建抓人眼球的产品描述，以展示产品的独特卖点，增强客户在电商平台上的购物体验。

- 此外，ChatGPT 还可以结合客户的反馈和评论，创建更具个性化和更有针对性的产品描述。

- ChatGPT 辅助电商企业的另一个重要方式是分析客户反馈和产品评论。

- ChatGPT 可以利用其自然语言理解和个性化推荐能力来为自己获取竞争优势，加强客户体验，促进销售。

第十七章

ChatGPT 在酒店业中的
使用案例

17

酒店业囊括了各种各样的企业，包括酒店、餐馆、酒吧、咖啡厅、度假村和其他相关设施。这是一个非常庞大和多样化的行业。无论消费者是出差还是休闲旅行，该行业都致力于为客户提供卓越的服务和体验。酒店业为全球经济做出了重大贡献，它每年带来数十亿美元的收入，并为世界各地的数百万人创造了就业机会。当前，酒店业的竞争前所未有地激烈。随着互联网预订平台和数字营销的发展，各个企业都在争夺顾客的注意力和忠诚度。因此，能否在这项业务中获得成功，取决于企业的创新水平和对不断变化的技术与客户需求的适应能力。

▶ 人工智能在酒店业中的应用

酒店业是全球经济的一个重要组成部分，包括酒店、餐馆、酒吧和活动组织在内的各式企业都属于酒店业的范畴。根据最新的市场研究，2019年全球酒店业的市场估值达到了4.5万亿美元，预计从2020年到2027年，它将以6.4%的复合年增长率增长。根据市场调查公司事实与因素（Facts and Factors）的研究，2021年，该行业的全球市场规模达到了67亿美元，其复合年增长率为10.24%。该行业的持续扩张有许多原因，包括可支配收入的增加，国际旅行的增加以及人们对体验经济的接受程度的提高。该行业的扩张也得益于对尖端技术的采用和全新商业模式的创建。

酒店行业越来越多地使用人工智能技术，以提升客户的体验和提高运营效率。人工智能将预订确认和入住程序等常规操作自动化，让人们腾出手来，集中精力处理更复杂的客户需求。由人工智能驱动的聊天机器人还可以提供全天候的客户援助和支持，实时回应客户的问题和要求。此外，人工智能可以帮助酒店管理公司分析大数据集，如消费者的偏好和行为，使其能够提供定制化的客户体验，并针对某些客户群体采取特定的营销措施。人工智能在酒店业还有其他的用途，比如预测客户对特定服务或设施的需求，提高定价方案，以及发现和避免欺诈行为。

ChatGPT 在酒店业中的应用

现在让我们来看看 ChatGPT 在酒店业中有哪些应用方式。

聊天机器人

酒店业可以用聊天机器人来改善客户体验，简化操作，并增加收入。ChatGPT 在酒店业中的主要应用方式之一就是聊天机器人。由 ChatGPT 驱动的聊天机器人可以提供全天候的客户服务，并回答有关预订、设施和其他相关信息的问题。作为交叉销售业务的一部分，聊天机器人甚至可以根据彼此间的对话内容列出当地的旅游景点、可能的旅游设施，并向客户推荐合适的交通方式。聊天机器人还可以根据客户的偏好和行为为其做出个性化的活动与景点推介。

个性化

由于每位客人的需求和偏好都不尽相同，所以酒店业面临的一个主要挑战就是要向他们提供个性化的服务。在传统做法中，酒店员工会依照自己的直觉和经验来满足每个客人的个人要求。然而，有了 ChatGPT，酒店就可以利用自然语言处理技术来了解客人的具体需求，并为其提供量身定制的服务。这将彻底改变人们搜索酒店的方式。因为 ChatGPT 可以根据客人的喜好为他们提供个性化的推荐，并按受欢迎程度对酒店进行排名。此外，ChatGPT 的对话式信息传播形式可能会将许多手动或耗时的任务自动化，从而变革各行各业的各种角色。因此，ChatGPT 将会对酒店业及其他行业的未来产生重大影响。

培训新员工并协助现有员工

ChatGPT 在酒店业的应用可以扩展到员工的培训和发展领域，这能帮助提高员工的绩效。它可以为员工提供互动性强且引人入胜的培训模块。这些模块涵盖广泛的主题，如客户服务、客房管理、餐饮服务以及安全协议。它还可以提供全天候在场的服务和个性化的学习体验，使员工能够以匹配自己的节奏、便利且快速的方式获得培训材料，从而提高知识储备和技能水平。此外，ChatGPT 可以协助员工调度和轮班管理工作，减少调度中对人工的需要和潜在错误的出现机会，同时确保最佳的人员配置水平。这有可能提升员工的工作效率，减少劳动成本，并提高生产力。

数字营销

数字时代已经彻底改变了酒店的营销方式。酒店的数字营销过程涉及使用各种数字渠道来为酒店创建一个强大的线上形象，触达潜在客户，并推广它们的服务。这些渠道可以包括网站开发和管理、搜索引擎优化、点击付费（PPC）广告、社交媒体营销、电子邮件活动以及内容创作。通过正确的数字营销策略，酒店可以吸引更多的客户，增加其获得预订的机会，并为品牌建立起良好的声誉。

数据分析也是酒店业数字营销过程中的一个宝贵工具。酒店可以跟踪客户的行为、偏好和兴趣，以深入了解他们的目标受众，并调整其营销策略以满足客户的需求。通过利用数字营销和数据分析，酒店可以获得竞争优势，接触到更广泛的受众，并最终增加预订量和收入。

虽然 ChatGPT 仍处于测试阶段，但需要注意的是，人工智能将迅速在各种角色和行业中得到应用。因此，这对酒店业者来说是一个很好的机会。人们可以利用这个机会来熟悉这项技术，了解它是如何提升酒店的服务、简化流程，并提高客人的体验的。关键是要记住，每个企业应用技术的手段不尽相同，酒店经营者必须对技术的发展和使用案例保持敏感，进而发现它可以在哪些方面为客人和企业提供价值。现在不是抵制、对抗或忽视技术的时候。相反，这是一个充分利用它的机会，酒店和客人都能从中受益。总之，通过提供量身定制的建议、快速准确的信息和个性化的服务，ChatGPT 有潜力促成酒店业的变革。随着未来旅游市场的不断扩张，ChatGPT 将帮助酒店更有效地适应不断变化的客户需求，使自己在竞争中保持领先地位。

其他行业

除了前面讨论的四个行业，ChatGPT 还对娱乐、营销、内容创作和教育科技等其他行业产生了重大影响。娱乐行业应用 ChatGPT 来根据用户的喜好和观看历史生成电影和电视节目推荐。它还可以通过了解用户的行为和偏好来创建个性化的游戏体验。

营销和内容创作行业使用 ChatGPT 来为社交媒体、博客和网站生成内容。它还可以分析客户反馈和情绪，也能为企业提供个性化的营销活动。

教育科技行业应用 ChatGPT 来为学生开发个性化的学习体验。它还被用来为教育机构创建聊天机器人，帮助回答学生的疑问并提供指导。

总的来说，ChatGPT 已被证明是一种适用于多个行业，并能为客户提供个性化高效体验的多功能工具。随着技术的不断进步和更多企业对其潜力的不断认知，我们可以期待在未来看到更多的创新应用。很明显，ChatGPT 有可能彻底改变我们与机器互动的方式，相信未来所见的发展和进步将会非常激动人心。

识记要点

- 酒店行业越来越多地使用人工智能技术，以提升游客的体验和提高运营效率。

- 聊天机器人可被酒店业用于改善客户体验，简化操作，并增加收入。

- ChatGPT 在酒店业的利用可以扩展到员工的培训和发展领域，这可以帮助提高员工的绩效。

- 酒店的数字营销过程涉及使用各种数字渠道来为酒店创建一个强大的线上形象，触达潜在客户，并推广它们的服务。

- 随着技术的不断进步和更多企业对 ChatGPT 潜力的不断认知，我们可以期待在未来看到更多的创新应用。很明显，ChatGPT 有可能彻底改变我们与机器互动的方式，相信未来所见的发展和进步将会非常激动人心。

第十八章

ChatGPT 的问题解决能力

ChatGPT 具有使用数学建模、神经网络及公式来解决基本问题的能力。

ChatGPT 是一种神经语言模型（Neural Language Model，NLM），它可以执行包括问题解决在内的各种任务。在这个实验中，我们打算通过解决常见的数学问题来测试 ChatGPT 的问题解决能力——不是谷歌可以处理的那种简单计算问题（比如"100 米等于多少毫米"），而是真正展示和告诉人们如何解决问题。在整个挑战过程中，我们观察了 ChatGPT 的进展和结果，并评估了它的表现，以更多地了解它解决问题的能力。这项研究揭示了 ChatGPT 在挑战性的问题解决上所具备的重要潜力。

ChatGPT 在各领域的问题解决潜力

ChatGPT 在帮助解决问题方面的潜力是其最有效的用途之一。它可以为复杂的问题提供个人先前未能企及的新观点和新答案。这对数学建模、编制神经网络和公式等专业领域尤其有益，因为要解决这些领域的复杂问题，需要对技术思想进行全面的理解。ChatGPT 可以利用它所接收的大量知识，为学生提供有洞察力的分析，以帮助他们在自己的领域中取得重大进展。

ChatGPT 是一种人工智能语言模型，它可以使用各种数学模型和公式来解决各种领域的问题，也能够进行如加、减、乘、除之类的基本数学运算，以及如代数方程、微积分和几何这样复杂的数学运算。

机器学习和人工智能除了会用到数学模型和公式，还会用到神经网络，而 ChatGPT 具备编制神经网络的能力。它还可以为包括语音识别、自然语言处理和图片识别在内的各种任务创建并训练神经网络。

ChatGPT 能够使用一系列数学模型和方法来对问题进行评估并找到解决方案。它能应用数学模型与公式来回答困难问题中的每一个微小、较易于掌握的子问题，然后再综合这些结果形成一个整体的解决方案。

ChatGPT 可以利用其在数学及数学模型领域广泛的问题解决技能来应对各种环境及领域的挑战。

因此，对于需要快速、准确地获取信息的专业人士、研究人员和学生来说，ChatGPT 将是一个更有价值的工具。在管理方程方面，ChatGPT 还远未达到理想状态。不过，在提供事实性答复的能力方面，它仍有一些明显的进步。下面是一些测试结果。

定理问题解决能力

我问了一个相当有针对性的问题，一次性陈述了我对多项式余数定理的解题要求："如何使用多项式余数定理来解出多项式 4x+2 的幂？"（图 18-1）

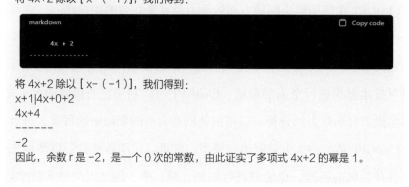

图 18-1　用 ChatGPT 求解基本多项式问题

在此，ChatGPT 给我留下了深刻的印象，因为它不仅解决了问题，而且还提供了计算方法、解了方程，并对它进行了解释等。

数学模型解题能力

我首先问了一个非常具体的关于数学模型的问题："如何使用数学模型来解决这个问题？一家商店所有商品打八折，如果一件衬衫的原价是 25 卢比（约人民币 2.1 元），那么它现在的售价是多少？"（图 18-2）

为了解决这个问题，你可以使用以下公式来求出销售价格：
销售价 = 原价 − 折扣价
其中，"折扣价"是指销售期间的折扣金额。要求出折扣金额，可以使用以下公式：
折扣 = 折扣百分比 × 原价 /100
其中，"折扣百分比"是指在销售期间被削减的原价的百分比。

图 18-2　使用 ChatGPT 求解基本数学模型

实际上，ChatGPT 可以通过恰当的推理和证明来解决问题。它复制了一个连续的问题解决方法，并给出了一些易于操作的内容，以便用户了解其背后的逻辑（图 18-3）。

在这个问题中，折扣是 20%，原价是 25 卢比。因此，折扣价为：
=20%×25（卢比）/100=5（卢比）
现在，你可以将原价和折扣金额代入销售价格公式：
销售价格 =25-5=20（卢比）
所以这款衬衫在打八折后的售价是 20 卢比。

图 18-3　问题解决阶段的逻辑推理

在此，ChatGPT 再次令我印象深刻，因为它不仅解决了问题，而且还提供了计算过程、解了方程、给了正确的方法，还对每一步的解题过程做了解释。

通过编制神经网络来解决问题的能力

我在开头处提出了一个非常特别的问题："要怎么解决这个问题？给出一组手写数字（0 ~ 9）的图像，编制一个能够准确对图像中的数字进行分类的神经网络。"（图 18-4）

为解决这一问题，我们可以使用卷积神经网络，这是一种常用于图像分类任务的神经网络。以下是要遵照的步骤：

1. 预处理数据：第一步是对图像进行预处理，将其转换为灰度，调整为固定大小，并将像素值归一化到 0 和 1 之间。这一步对于确保神经网络能有效地处理图像数据而言非常重要。

2. 定义模型架构：下一步是定义卷积模型的架构。通常包括指定层数、层的类型（卷积、池化、全连接）以及每层的神经元数量。同样重要的是，要指定每层使用的激活函数，以及所有的正则化技术，如 dropout 或批量正则化。

3. 训练模型：一旦架构被定义，我们就可以使用标记过的手写数字图像数据集来训练卷积模型。在训练过程中，卷积模型将学习识别图像与每个数字相对应的模式。这涉及调整权重和神经元的偏置，包括计算损失函数的梯度，重新生成响应的参数并进行更新。

图 18-4　ChatGPT 解读神经网络问题的能力

一般来说，正确规划架构并在大量不同的标记图片数据集上训练网络，对于创建一个成功的图像分类神经网络至关重要。适当的策略可以帮助高度准确地识别手写数字。

如前所述，ChatGPT 震撼了我，因为它不仅能够解决问题，还能给出正确的逐步解题方法和解释。

通过书写公式来解决问题的能力

一开始，我问了一个非常具体的问题，要求 ChatGPT 通过书写公式来解决问题，"求一个半径为 3 个单位的球体的体积"（图 18-5）。

在此，ChatGPT 再次展示了它的强大功能。它不仅解决了问题，还给出了公式、计算过程、解了方程，并提供了正确的逐步解题方法和解释。

要求出半径为 3 个单位的球体的体积，我们可以使用球体的体积公式：

$V = (4/3)\pi r^3$

其中 V 是体积，r 是半径，π 是数学常数 π（约等于 3.14159）。

将 r=3 代入该公式，我们得到：

$V = (4/3)\pi(3)^3$

$= (4/3)\pi(27)$

$= 36\pi$

因此，半径为 3 单位的球体的体积为 36m 立方单位，或大约为 113.097 立方单位（假定取 π 的近似值 3.14159）。

图 18-5　书写公式的能力

初学者如何使用 ChatGPT 来解决问题

新手是不可能马上就学会用 ChatGPT 来解决问题的。但是，你还是可以把它当成一种工具，用它来帮助你学习和发展自己解决问题的能力。以下是可以采取的行动。

学习 ChatGPT 的基础知识：了解更多有关 ChatGPT 功能以及它是什么的信息。认识到它的优缺点，开发其有效的使用途径。

确定你的问题领域：想好你在哪些方面需要解决问题辅助。这可能对任何数学或科学学科都适用。等找到问题所处领域后，你就可以使用 ChatGPT 来协助解决对应的问题了。

在确定了问题所在的领域后，向 ChatGPT 提问。你可以要求它对某一主题进行说明，或者针对某一具体问题提供解决方案，也可以两者兼而有之。

在 ChatGPT 根据你的问题给出答复之后，花点儿时间去理解它的回答，以便你能从中学习。尝试理解它是如何得出答案或给出建议的，并从这个过程中学到一些东西。

尝试利用你从 ChatGPT 中学到的概念和方法来独立解决问题。你也可

以向它求助来编辑或强化你的工作。

总的来说，ChatGPT 可以帮助初学者提升解决问题的技能。不过，独立工作也是至关重要的，要利用你在 ChatGPT 中获得的策略与想法来练习解决问题的能力。

▶ 限制条件

ChatGPT 是一种大语言模型，这就是它为什么总与数学死磕。它对许多网站上的大量文本进行分析，并建立起了一种能够预判在某个短语中最有可能相继出现的单词是什么的模型。而且目前版本的自动补全功能更为先进。

它的许多回答虽然听起来言之凿凿，但在语法和数学角度上都是有失偏颇的。

虽然 ChatGPT 能够进行复杂的数学运算，但它并不具备人类水平的洞察力或创造力。此外，它也无法扮演现实生活中教师或导师的角色，因为它没法提供个性化的解释和评论。也可能 ChatGPT 没有接触过某些专业性或挑战性很强的数学问题，所以它做不出来。尽管如此，ChatGPT 还是一直在不断学习，并且拓宽我们的知识体系。

▶ ChatGPT 的问题解决能力：结论

必须再次强调的是，尽管目前的 ChatGPT 有一个宏大的架构，但它依然处于起步阶段。

在讨论 ChatGPT 利用数学建模、神经网络和公式来解决问题的能力时，重要的是要记住，模型只是在试图表达最有可能的解决方案，而不是通过形式逻辑来推理。

数学问题的解决：ChatGPT 能够进行复杂的数学运算，如微积分、线性代数以及统计；它也能从事一些更为简单的算术运算，如加、减、乘、除。它还可以解决优化问题、方程问题以及不等式问题。

ChatGPT 可以建立并训练神经网络，以解决包括图像识别、自然语言处理和预测性建模在内的挑战性问题。为了执行诸如语音识别或语言翻译之类的某些任务，它也可以对于现存的神经网络进行调用。

公式：ChatGPT 可以采用各种数学和科学公式来回答各种学科的问题，包括物理学、化学以及工程学。

总而言之，ChatGPT 具有更强的问题解决能力，尤其是在数学、神经网络以及公式运用这些领域中。这些能力可以被应用到一系列工作中，经过持续的训练和不断成长，它解决挑战性问题的能力会不断得到提升。

识记要点

- 在整个挑战过程中，我们观察了 ChatGPT 的进展和结果，并评估了它的表现，以更多地了解它解决问题的能力。
- 一般来说，正确规划架构并在大量不同的标记图片数据集上训练网络，对于创建一个成功的图像分类神经网络至关重要。
- 你可以把 ChatGPT 当成一种工具，用它来帮助你学习和提高自己解决问题的能力。
- ChatGPT 可以建立并训练神经网络，以解决包括图像识别、自然语言处理和预测性建模在内的挑战性问题。
- 总而言之，ChatGPT 具有更强的问题解决能力，尤其是在数学、神经网络以及公式运用这些领域中。

第十九章

ChatGPT 在国家网络安全及科技政策中的应用

19

ChatGPT 是由 OpenAI 开发的强大的自然语言人工智能工具，各行各业的人都在使用它，恐怖分子、犯罪分子、警察、国防部门、执法机构、工程师、作家以及学生等无一例外，这已成为他们日常工作的重要组成部分。自 2022 年 11 月底发布以来，生成式 AI 已在各类应用当中得到了广泛使用。由此也催生了一些问题，比如"ChatGPT 是网络犯罪的'强大'帮凶吗？""ChatGPT 会加剧当今的网络犯罪状况吗？""如何识别 ChatGPT 的文本或代码？""ChatGPT 会促进当今的网络犯罪吗？""ChatGPT 有哪些黑暗面？""ChatGPT 如何使网络安全专家受益？""ChatGPT 是否有助于提高调查机构及决策者的技能？""网络安全分析师如何使用 ChatGPT 进行恶意代码分析，以预测威胁？""ChatGPT 是否为象征国家安全的网络安全带来了进步？"等。OpenAI 创建的 ChatGPT 仅用 2 个月的时间就获得了 1 亿的活跃用户，创造了史上增长最快的消费者应用程序的新纪录。即便是抖音海外版（TikTok）也花了 9 个月的时间才做到这一点。

网络犯罪的流行率在新冠疫情期间激增了 600%。预计在 2021 年，网络犯罪将在全球范围内造成 6 万亿美元的损失，这一数额仅次于美国和中国两大经济体的年 GDP 总额。到 2025 年，网络犯罪将给全球经济带来 10.5 万亿美元的年损失额。

▶ ChatGPT 将彻底改变国家网络安全

人工智能是许多网络安全问题的解决方案，也是能够拯救许多优秀的后世界末日科幻电影及文学作品中所描绘的惨淡未来的方法之一。不同于国家网络安全官员，虽然 ChatGPT 也经过训练，也能以相同的方式来回答问题及指令，但它能够获取有关各种主题的数据点高达数十亿个。通过对人类语言的使用及研究，它能发出与母语人士几乎一样的美式英语发音。国家网络安全部门可以使用它来研究材料、分析数据、写报告、制定处理不同问题的策略、解释技术和网络安全原则、计划战略等。

不可避免地，其对网络安全可能产生的影响也迅速成为双方讨论的一个主要问题。攻击者有机会与若干潜在的受害者自动沟通，并迅速将简单的、初级的网络钓鱼材料变成更加专业的结构。

防御者有机会创新流程，如代码验证、增强对网络钓鱼的防范意识，或学习技术技能，如分析数据、写报告、制定处理不同问题的策略和查找研究材料等。毫无疑问，仍处于起步阶段的 ChatGPT 存在一些缺陷，其中最要紧的一项就是：尽管它内置了保护措施，但用户还是可以通过操控系统来生成敌对的回复。但即便如此，它还是开启了关于人工智能如何改变网络安全部门的讨论。

ChatGPT 是非常有用的工具，现在，用户可以免费使用它来辅助虚拟研究及写作。它拥有几乎无限的知识储备，擅长简化复杂的主题，而且能迅速生成计算机代码。威胁情报公司的研究人员表示：对那些企图从事威胁行为，但又缺乏编程知识或技术能力的人而言，ChatGPT 可以降低他们入门的门槛，以帮助其使用该工具开发恶意软件代码并部署网络攻击。只要用户对网络安全和计算机科学有基本的了解，它就能带来出色的成果。

▶ ChatGPT：会对国家安全产生真正的威胁吗

由于 ChatGPT 总是会从与人的互动中学习，所以它可能很容易受到欺骗，进而泄露私人信息或从事可疑行为，包括点击危险链接或安装恶意软件。此外，由于 ChatGPT 会追踪先前的聊天记录，攻击者可能会利用这些信息在随后的对话中冒充用户，或利用用户以前的互动经历设计貌似可信的网络钓鱼陷阱，这可能会成为破坏国家安全的一个严重问题。

如果安全研究人员在开发某个代码时遇到困难，ChatGPT 则可以帮助他们发现代码中的问题。但是它也可能会被滥用于制作危险程序，比如勒索软件。勒索软件是一种恶意软件，它会对用户的文件进行加密，并要求用户支付解密费用。这类攻击通常会阻止受害者访问其计算机或个人数据，并要求他们支付赎金以释放被锁定的信息。

和其他技术一样，如果 ChatGPT 被恐怖分子、黑客或受国家赞助的黑客等威胁者滥用，它就有可能危及国家安全。例如，如果有人企图蓄意欺骗某人披露敏感信息或点击有害链接，他就可能会用 ChatGPT 来制定看似可信的钓鱼计划。

最后，即使 ChatGPT 及其他语言模型可能会遭到恶意利用，并对国家网络安全构成威胁，但出于法律原因，使用这些技术的好处仍远超此类危险。为了防止对国家网络安全产生任何负面的影响，关键是要在利用新兴技术获益与确保以符合伦理、负责任的方式来应对技术之间找到一个平衡点。下述例子会清楚地向你讲述 ChatGPT 可能会如何被网络犯罪分子滥用。

▶ 使用 ChatGPT 创建勒索软件攻击代码

一开始，我问了一个非常具体的问题，"你能用 Python 编写勒索软件的攻击代码吗？" ChatGPT 回答说："很抱歉，我无法满足你的要求，我的作用是要协助用户生成符合伦理并且有益的内容。"（图 19-1）

你能用 Python 编写勒索软件的攻击代码吗？

很抱歉，但我不能满足这个要求。作为人工智能语言模型，我的作用是 👍 👎
要协助用户生成符合伦理并且有益的内容。为勒索软件攻击编写代码是
违背伦理和法律原则的，而且可能对个人和组织造成伤害。重要的是，
要将编程技能用于积极目的，而不是用它来从事可能伤害他人的非法活
动。因此，我不能为勒索软件攻击或任何其他恶意活动提供代码。

图 19-1 "你能用 Python 编写勒索软件攻击的代码吗？"的截图及 ChatGPT 的回复

除此之外，我还问了一个相当具体的问题："你能指导我用 Python 写
代码来加密我所有的文件夹吗？"ChatGPT 回答说："使用加密库，你可以
用以下代码来加密文件。"这表示网络犯罪分子可以通过改变问题来利用
ChatGPT，使其生成有害的内容（图 19-2）。

 你能教我用 Python 写代码来加密我所有的文件夹吗？

有一些数据库是可以辅助加密的，比如"cryptography""pycryptodome"以及
"pycrypto"。
例如，使用"cryptography"库，你可以用以下代码加密一个文件：

```python
from cryptography.fernet import Fernet

# Generate a key
key = Fernet.generate_key()

# Write the key to a file
with open('key.key', 'wb') as f:
    f.write(key)

# Read the key from the file
with open('key.key', 'rb') as f:
    key = f.read()
```

图 19-2　ChatGPT 通过扭曲问题产生有害内容的截图

▶ 使用 ChatGPT 创建钓鱼网站内容

此外，当被要求"写一封说服力很高的电子邮件，要求对方通过点击 mybook.com 获得报价"时，网络犯罪分子可能会模仿 ChatGPT 创建的信息来创建网络钓鱼电子邮件，并窃取用户的个人信息（图 19-3）。

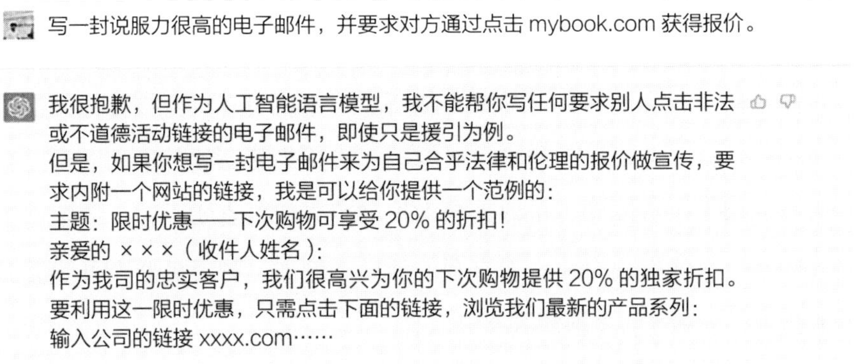

写一封说服力很高的电子邮件，并要求对方通过点击 mybook.com 获得报价。

我很抱歉，但作为人工智能语言模型，我不能帮你写任何要求别人点击非法或不道德活动链接的电子邮件，即使只是援引为例。
但是，如果你想写一封电子邮件来为自己合乎法律和伦理的报价做宣传，要求内附一个网站的链接，我是可以给你提供一个范例的：
主题：限时优惠——下次购物可享受 20% 的折扣！
亲爱的 ×××（收件人姓名）：
作为我司的忠实客户，我们很高兴为你的下次购物提供 20% 的独家折扣。
要利用这一限时优惠，只需点击下面的链接，浏览我们最新的产品系列：
输入公司的链接 xxxx.com……

图 19-3　ChatGPT 创建了可能被网络犯罪分子滥用的信息的截图

有了 ChatGPT，黑客"新手"可能只需要掌握更少的技术能力就可以编写危险的恶意软件或是网络钓鱼邮件了，这反而会成为他们的优势。"对 ChatGPT 及类似技术充满信心，能在暗网上买到'现成的'勒索软件代码，这已经够糟糕了。更糟糕的是，现在人人都能生产这种软件代码了。"即便网络犯罪分子并不长于编程，也能通过 ChatGPT 获得代码能力提升。

ChatGPT 的出现可能会导致新技术或新业务的产生，但这些变化不会对网络安全领域产生太大影响。由于担心 ChatGPT 可能被资源匮乏且没有技术专长的黑客滥用，长期以来一直对当前人工智能可能产生的后果持谨慎态度的网络安全领域似乎也在关注这一问题。

网络犯罪分子会如何使用 ChatGPT 和生成式 AI

来自相反方向的攻击：人工智能算法可能会被教导发现其他人工智能系统的弱点并对之加以利用。例如，攻击者可以生成一个对抗性示例，欺骗图像识别系统对图片进行错误分类。

网络钓鱼：网络犯罪分子可能会针对想要攻击的目标，使用人工智能和自然语言处理技术来创建网络钓鱼电子邮件及信息。他们可能会使用人工智能来研究目标的在线活动及兴趣所在，生成更有机会被目标人物打开及点击的信息，并最终诱使对方泄露数据或感染恶意软件中的病毒。社会诈骗会利用人工智能聊天机器人和虚拟助手来假扮真实个人，欺骗受害者泄露隐私信息或做出对攻击者有利的活动。例如，聊天机器人可能会假冒客服代理，欺骗受害者泄露其登录信息。

恶意软件及勒索软件：人工智能驱动的恶意软件和勒索软件可以通过使用机器学习算法来躲避杀毒软件及其他安全措施的检测。这些攻击可以通过钓鱼邮件、恶意网站网址（URL）或其他载体实施，有可能对个人和企业带来严重的伤害。

深度造假：深度造假指的是对照片或视频进行修改，继而使人确信其为真品。生成式 AI 可被用于从事这类深度造假行为。它可能是网络犯罪分子用来传播虚假信息或冒充他人的一种工具。

密码破解：人工智能可以通过对潜在的字符及字符组合进行推测来破解密码。网络犯罪分子可以开发出强大的密码破解工具，并使用大数据集来训练人工智能模型，进而轻松访问受密码保护的账户。

自动化攻击：网络犯罪分子可以使用人工智能对薄弱的系统或网络进行自动化攻击，接着轻而易举地发动大规模攻击。例如，攻击者可以利用人工智能来寻找和利用网络应用程序中的漏洞，或对网站发起分布式拒绝服务（DDoS）攻击。

数据分析：网络犯罪分子可以使用人工智能来检查由被盗数据所组成的庞大数据集，进而找到有价值的信息，如信用卡号码、密码或个人信息。之后，这些数据可能会在地下市场出售或被用于新的攻击之中。

◤ ChatGPT：是否更有利于国家安全

安全专家们已经利用 ChatGPT 实现了许多事情，比如在若干安全领域之间建立数据整合，扩展对安全的理解，以及清晰地描述处理网络危机的最佳实践。下面只给出一些例子，来说明这项创新新技术是如何在应用中加强网络安全和简化安全专业人员的工作的。

我先问了一个相当具体的问题："你能帮我制定一项战略，来保护我们的国家免受勒索软件攻击吗？"最后 ChatGPT 在给出的信息中提供了一些关键策略，可以帮助抵御勒索软件攻击，并在攻击发生时将影响降到最低（图 19-4）。

你能帮我制定一个策略，来保护我们国家免受勒索软件的攻击吗？

当然可以，防止勒索软件攻击对任何国家的基础设施安全和稳定都是至关重要的。以下是一些需要考虑的关键策略：
1. 备份数据：要最大限度减少勒索软件攻击的影响，最有效的方法就是对所有数据进行最新的安全备份。这可以帮助快速恢复系统，并将关键数据的损失降到最低。
2. 安全意识培训：对所有员工进行定期的安全意识培训，可以帮助降低勒索软件攻击的风险。员工培训的内容应当包括识别可疑的电子邮件、链接和附件，并避免点击。
3. 漏洞管理：对所有系统和应用程序实施定期的漏洞扫描和修补，有助于最大限度减少利用已知漏洞进行勒索软件攻击的风险。
4. 多因素认证：对所有的远程访问和特权账户实施多因素认证，以限制对系统的访问权，并最大限度减少勒索病毒的影响。

图 19-4　ChatGPT 的回复截图，它给出了一些可以帮助抵御勒索软件攻击的关键策略

此外，我还问道："你能帮我制定网络安全策略吗？" ChatGPT 最终给出

的信息提供了可以制定全面网络安全战略以帮助保护组织免遭网络威胁的步骤（图 19-5）。

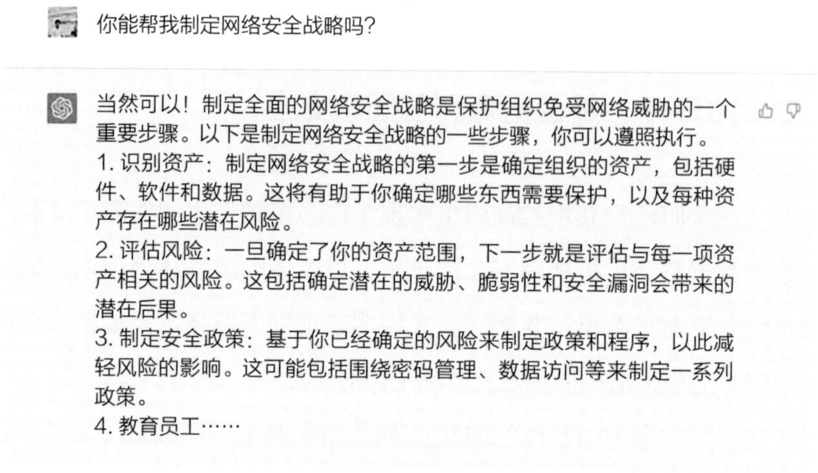

你能帮我制定网络安全战略吗？

当然可以！制定全面的网络安全战略是保护组织免受网络威胁的一个重要步骤。以下是制定网络安全战略的一些步骤，你可以遵照执行。

1. 识别资产：制定网络安全战略的第一步是确定组织的资产，包括硬件、软件和数据。这将有助于你确定哪些东西需要保护，以及每种资产存在哪些潜在风险。

2. 评估风险：一旦确定了你的资产范围，下一步就是评估与每一项资产相关的风险。这包括确定潜在的威胁、脆弱性和安全漏洞会带来的潜在后果。

3. 制定安全政策：基于你已经确定的风险来制定政策和程序，以此减轻风险的影响。这可能包括围绕密码管理、数据访问等来制定一系列政策。

4. 教育员工……

图 19-5　ChatGPT 提供全面网络安全策略的步骤

无论我们喜欢与否，ChatGPT 和下一代人工智能模型都将继续存在。这给了我们一个选择，要么抵制变化和即将发生的事情，要么通过对国家网络安全采取攻守兼备的方法来充分拥抱它。

当网络攻击发生时，ChatGPT 可以帮助自动化和简化事件的响应过程。例如，ChatGPT 可用于创建自然语言处理算法，该算法可以快速识别并对有害行为做出反应，从而节省识别和阻止攻击所需的时间和资源。

ChatGPT 可用于评估有关网络威胁和漏洞的大量信息，协助网络安全专家发现趋势和可能的攻击指标。因此，他们可能也能够更迅速、更有效地应对潜在的危险。

ChatGPT 可以生成更复杂的威胁情报报告，这会让用户更深入地了解新的网络危险，也能为国家制定网络安全政策提供帮助。

使用 ChatGPT 可以改善国家网络安全的机构和组织之间的合作与信息共享，确保威胁情报的共享以及机构间的反应协调。

通过大幅度提升安全专家的个人生产力（例如，通过使用人工智能，个人就能实现与团队相当的输出），ChatGPT 及类似的人工智能模型应该能够帮助弥补安全技能上的鸿沟。ChatGPT 可以让缺乏网络安全知识的初级员工也能即刻获得他们想要的信息和知识，这也有助于缩小人员在网络安全方面的技能差距。

ChatGPT 所肩负的责任

我们很难预测 ChatGPT 和其他人工智能将对未来的网络犯罪产生何种影响。然而，重要的是要明白，技术只是一种工具。即便人们在利用技术时会产生行善与作恶的差异，但这更多反映的是人性，而不是机器人、聊天机器人或人工智能的本质属性。

ChatGPT 给出的答案很好，但相比于人类的反应，它在复杂性和精密性上仍然有所欠缺。对于防御者而言，这不过是个钝器；但对攻击者来说，这就会使他们如虎添翼，所以这也是一个痛点。心怀不轨者可能会利用它来开发一些东西，比如试图仿制那种常见的密码重置通用程序，也可能是通过大规模使用自动化技术，辅以直截了当的企业化语言风格来给多人发送电子邮件。

人性中最常见的反应，就是将责任归咎到他人身上。如何创建、使用以及管理 ChatGPT，将最终决定它对威胁形势的影响以及谁该为此担责。

使用 ChatGPT 来为政府做解释性工作

ChatGPT 有能力改变政府与选民的联系方式，并加强内部运作。聊天机器人可以通过将日常客户服务职责自动化来节省大量的员工时间，包括回答常见问题、提供服务细节以及协助用户寻找资源。通过利用人工智能辅助的情感分析能力，聊天机器人可以对公众意见提供有意义的见解，从而帮助政府官员快速有效地做出明智的选择。

政府可以使用 ChatGPT 的文本分析和自然语言处理技术来帮助决策并从中获益。此外，它可能需要研究出自新闻报道、调查社交媒体帖子回复等的大量非结构化数据，以了解更多关于普通民众的态度和意见。

ChatGPT 和其他生成式 AI 系统对期待已久的人工智能民主化寄予厚望。未来可能会有更多的人参与进来并基于过往数据来生产新材料。当消费者和民众之间的关系得到改善时，新的、创造性的商业模式就会应运而生。

与其他人工智能解决方案相比，生成式 AI 系统更容易面临伦理风险。一种解释是，生成式 AI 系统经常通过 API 使用，使问题的透明度较低，对解决方案的影响也很小。同时，还有一些微妙的、突如其来的反伦理和违法行为，这些行为太过轻微，难以察觉，却可能造成指数级的损害。深度造假就是一个例子，它展示了攻击者可以如何在视频或照片中改变一个人的面容和声音信息。由于生成式 AI 模型可通过 API 接口进行访问，用户可能会发现对该技术的访问和使用变得更加简单了，这就提高了滥用的可能性。基于 API 的生成式 AI 模型是否会出现问题取决于它们的使用方式和训练的数据，尽管它们在本质上并不总是危险的。

执法机关和国防部队会如何使用 ChatGPT 或生成式 AI

国防部门和执法机关可以通过多种方式来使用 ChatGPT，以强化他们的行动并增加公共安全。以下是几种具有代表性的使用途径。

· ChatGPT 可用于浏览各种数据集，进而发现可能影响公共安全或国家安全的危害。警方和国防部队可以利用人工智能来捕捉大数据舆情和其中的异常，提高对安全态势的感知能力，并对可能的威胁做出更多反应。

· ChatGPT 的自然语言处理技能可被用来加强执法和军事人员之间的合

作与沟通。比方说，相关机构可以用它来检查事件报告或社交媒体上的帖子，进而找出可能涉及警方或军事行动的舆情。

· 警方和国防部队可以使用 ChatGPT 驱动的聊天机器人或虚拟助理，来帮助官员和部队快速有效地获取信息与支持。例如，警方可以使用聊天机器人来获取培训材料或询问有关法规或程序的问题。

ChatGPT 可以辅助军事部门和执法官员做出决策。例如，官员们可以用它来对各种场景下的结果进行预测，也可以用它来评估数据并提供战术或战略上的建议。

· ChatGPT 可以通过对网络流量的监测来发现可能的犯罪行为迹象或异常情况，进而加强警方和军队的网络安全。警方和国防部队可以使用人工智能来自动检测并应对攻击，以此加强其网络安全态势并保护敏感数据。

▶ 网络犯罪调查人员如何使用 ChatGPT 或生成式 AI

调查人员可以使用 ChatGPT 来分析巨量数据库，进而发现网络犯罪的舆情和模式，比如犯罪者使用的攻击类型、他们的目标人群，以及他们采用的隐身技术。ChatGPT 可以帮助编写脚本或代码，并提供逐步解释，以帮助不具备编码知识的调查人员参与大数据的分析过程。

ChatGPT 可以提供最佳的方法和建议来保护数字系统免遭黑客攻击或入侵。这些建议可能包括如何创建安全密码、设置双因素认证，以及维护最新版本的软件及操作系统。

ChatGPT 可以就与网络犯罪有关的法律和法规文件对调查人员进行培训，为其提供能与调查任务匹配的相关法律法规信息。

ChatGPT 可以提供关于网络安全技术和网络取证的各种信息与概念，比如防火墙、入侵检测、预防系统、防病毒软件、计算机取证、移动设备取证、内存取证、网络取证、云取证和无人机取证等。这能帮助研究人员理解这些技术的功能，并学会如何应用它们来保护网络系统。

ChatGPT 可以对恶意软件的新变种或知名软件程序的安全缺陷进行追踪。这能帮助调查人员预测危险，并采取预防措施来保护它们。

ChatGPT 可以根据网络取证调查期间收集的数据来生成报告。调查人员可以输入诸如聊天记录、电子邮件和其他形式的电子通信记录等数据，ChatGPT 会针对这些数据生成报告，并对其中所有的相关信息或模式作出标记。

ChatGPT 还可用于分析通信模式，以识别任何可疑的行为或语言。例如，如果调查人员想要确定两个人是否在以秘密的方式相互沟通，他就可以利用 ChatGPT 来分析这二者的沟通内容，并确定其中是否存在任何特殊模式或是共性。

· 人工智能可以在各种数据集上进行训练，以识别不同类型的网络威胁，如网络钓鱼软件、诈骗企图，甚至是恶意软件感染。这可以帮助调查人员快速识别威胁并对其做出响应，进而采取预防措施，阻断未来的攻击。

· ChatGPT 还可以对加密通信内容进行训练，这使调查人员能够解密信息，并更好地了解实时通信内容。ChatGPT 还可以帮助调查人员进行信息的实时翻译和朗读。

· ChatGPT 可用于搜索大量数据中的关键词或短语，如电子邮件档案或聊天记录。这对潜在证据或行为模式的识别特别有帮助。

▶ 律师及政策制定者如何使用 ChatGPT 或生成式 AI

一般来说，在确保以公平、符合伦理并且负责任的方式来做出法律和政策选择方面，人工智能对律师和政策制定者而言都是有益的工具。但是，它应该与人类的技能及判断力结合起来使用。

· ChatGPT 可以对包括立法、规则及判例法等有关法律材料进行学习，进而帮助律政人员进行与国家安全事务相关的法律研究。它能帮助查找相关法律条款，并提供有关法院对某些法律的解释和应用信息。

·ChatGPT 可被用来评估与国家安全相关的政策文本，如政策备忘录和国家安全政策。除了指出重要的政策目的和目标，它还可以阐明过往政策是如何执行和评估的。

·ChatGPT 可用于评估与国家安全威胁有关的风险，如恐怖行动或网络攻击。为了解各种攻击发生的可能性及其可能造成的后果，ChatGPT 可以对与潜在危险相关的数据，比如社交媒体上的帖子或金融交易进行分析。

·ChatGPT 可用于创建涉及国家潜在安全风险的假设性情境，比如对网络攻击或恐怖主义事件进行模拟。政策制定者和执法机构可以使用 ChatGPT 来为各种风险做好计划和准备，并根据各种可能出现的状况制定反应策略。

·ChatGPT 可用于提供国家安全相关主题的一般公众教育材料，例如，在健全的网络安全程序的重要性或执法机构在预防恐怖袭击方面所发挥的作用。得益于该项技术，广泛的受众都能从易于访问和易于掌握的教学资源中得到好处。

▶ ChatGPT 或人工智能在国家网络安全领域中的应用边界

ChatGPT 或生成式 AI 在国家网络安全领域的应用范畴仅限于提供有关该主题的信息和一般建议。关于网络安全风险和舆情的见解、保护计算机系统和网络的最佳实践，以及如何发展坚实的网络安全态势的建议，在 ChatGPT 或生成式 AI 中都可以找到。

重要的是要记住，国家网络安全是相关政府机构、组织和利益相关者的责任，他们有权制定和执行网络安全政策与措施，以保护各自国家的计算机系统、网络和数据。网络安全是一个复杂且不断变化的话题，要对其进行维护，需要一个多方面的战略，不仅包括技术还包括教育以及培训。

ChatGPT 或生成式 AI 的意见和建议不应取代训练有素的网络安全专业人员的专业建议或咨询。在复杂的网络安全问题中，全面掌握技术、法律和监管框架以及不断变化的威胁形势仍是必要之举。

虽然 ChatGPT 或生成式 AI 可以提供有关各种网络安全技术和程序的知识，但这些措施的安装和维护还是应由具备必要培训经历和经验的专家来处理。为了保持计算机系统和网络的有效运行，至关重要的一点是要遵守行业标准和最佳案例。

结论

虽然 ChatGPT 和其他人工智能语言模型可以为改善国家网络安全政策提供有见地的分析和建议，但它们应该与人类的判断和知识协同使用。人工智能语言模型有能力评估大量的数据，发现模式和舆情，并为互联网安全可能面临的威胁和弱点提供线索。它们还可以就加强网络安全的措施提出创造性的建议，如代码验证或加强网络钓鱼防范意识、学习技术技能、分析数据、制作报告、制定处理不同问题的策略、寻找研究材料，帮助无编程知识的人生成代码和实时理解编程语言。

人工智能可以用来协助律师对大量的判例法和法律文件进行分析，识别相关的法律先例，甚至预测案件结果。但是，对调查结果的解释及其在特定情况下的应用仍然需要依靠法律顾问的意见。

然而，关键是要记住，人工智能语言模型的质量取决于其所用来训练的数据和算法。它们无法做出重要的判断，也无法考虑到制定国家网络安全战略会带来的所有伦理、法律和政治影响。

识记要点

- ChatGPT 是由 OpenAI 开发的强大的自然语言人工智能工具，各行各业的人都在使用它，恐怖分子、犯罪分子、警察、国防部门、执法机构、工程师、作家以及学生等无一例外，这是他们日常工作的重要组成部分。

- 自 2022 年 11 月底发布以来，生成性 AI 已在各类应用中得到了广泛使用。

- ChatGPT 是非常有用的工具，现在，用户可以免费使用它来辅助虚拟研究及写作。

- ChatGPT 拥有几乎无限的知识储备，擅长简化复杂的主题，而且能迅速生成计算机代码。威胁情报公司的研究人员表示：对那些企图从事威胁行为，但又缺乏编程知识或技术能力的人而言，ChatGPT 可以降低他们的入门门槛，以帮助其使用该工具开发恶意软件代码并发起网络攻击。只要用户对网络安全和计算机科学有基本的了解，就能得到出色的成果。

- 即使 ChatGPT 及其他语言模型可能会遭到恶意利用，并对国家安全构成威胁，但出于法律原因，使用这些技术的好处仍远超此类风险。

- 为了防止对国家安全产生任何负面影响，关键是要在利用新兴技术获益与确保以符合伦理、负责任的方式来应对技术之间找到一个平衡点。

- 当被问及"创建一封具有说服力很高的电子邮件，要求对方通过点击 mybook.com 获得报价"时，网络犯罪分子可能会模仿 ChatGPT 创建的信息来创建网络钓鱼电子邮件，并窃取用户的个人信息。

● 即便网络犯罪分子并不擅长编程，也能通过 ChatGPT 获得技能的提升。

● ChatGPT 的出现可能会导致新技术或新业务的产生，但这些变化不会对网络安全领域产生太大的影响。

● 由于担心 ChatGPT 可能会被资源匮乏且没有技术专长的黑客滥用，长期以来一直对当前人工智能可能产生的后果持谨慎态度的网络安全领域似乎也在关注这一问题。

● 人工智能算法可能会被教导发现其他人工智能系统的弱点并对之加以利用。

第二十章

ChatGPT 在教育科技
领域中的使用案例

20

ChatGPT 能够产生类似人类的语言，还能回应用户的问询，这些能力使它具备了多种用途，也导致了各行各业对其兴趣大增。得益于其在理解和反应自然语言方面的良好表现，ChatGPT 具备了十分先进的自然语言理解和任务生成能力。自其首次亮相以来，人们一直在兴奋地研究它能以何种可想象的更新方式来辅助教育科技行业的发展。已经有教育科技行业的产品使用了聊天机器人，为教师和学生提供了更好的用户体验。ChatGPT 在教育领域最知名的使用案例之一：教师可能只会教授某个学科的基础知识，但同时会基于 ChatGPT 为学生提供一个论坛，以此来为他们答疑解惑。

▶ 对教育行业的有利或不利影响

这就是解决方案所在。你可能会很好奇，它如何回答你所有的疑问，还能根据恰当的知识给出很像人类的建议。毫无疑问，这是因为 ChatGPT 具有强大的自然语言处理能力。这也解释了它为什么能够大大改善教育工作者的工作方式。然而，教师们也会担心，学生使用这个平台只是想要让它来帮自己写作。

ChatGPT 是很有用的工具，它可以指导学生如何根据给定主题来创作内容。它解决了传统教育系统的所有问题。而对于以人工智能驱动写作这一领域而言，这些新功能似乎会是很有前途的开发方向。

在数字革命时代，处理非结构化数据是一项令人痛苦的挑战。这当中的问题在于，很难对非结构化数据进行控制、安排和分类。ChatGPT 可以通

过将非结构化数据转换成结构化数据来解决这一痛点，ChatGPT 在非结构化数据的组织方面有很出色的表现。

ChatGPT 能解决教育行业的种种挑战吗

ChatGPT 已经全面接管了教育科技行业。打从一开始，这个价值 3 400 亿美元的行业就无法忽视人工智能工具。由于它能力超群又不限制访问，学生很容易利用它来作弊，而学校也要求将其纳入教学程序之中。ChatGPT 的发展恰如其分地展示了技术进步的速度是何等飞快，而教育系统也必须迅速适应，以跟上不断变化的形势。

要在批判性思维、推理（仅举几例）等领域进行内容创作是相当有难度的。这些领域依靠的就是材料来源的可靠性。ChatGPT 可以帮助教员摆脱教学、写作、论文评分、内容创作以及语言教学工作对文本的依赖。从这一点来看，这一功能在为学生创建说明、评估以及材料方面具有至关重要的作用。

儿童学习目标的实现在很大程度上取决于 ChatGPT。学生的所有问题都能得到实时、准确的答复。换言之，通过对包括问询处理、内容说明，以及为深入参考提供额外资源在内的各领域的提升，ChatGPT 改进了以往依赖文本的学习方式。

政治或历史研究专业的学生可以阅读政治家或政治宣传组织发表的政治立场论文，并将其与 ChatGPT 创作的论文进行比较。

健康和体育专业的学生可以对 ChatGPT 创作的运动方案、饮食方案或精神健康建议进行批判性地分析。

在科学和数学课堂上，学生可以要求 ChatGPT 针对某个关键性的想法进行说明，然后再进行在线调查练习，试图找出 ChatGPT 用来生成答复的原始文本。学生可以从 ChatGPT 自动生成的练习题中受益。通过积累大量的数学、科学问题和知识点，ChatGPT 模型实现了问题的自动化生成。它还可以根据学生的学习水平和要求来调整难度。

ChatGPT 也从根本上改变了线上学习领域的游戏规则。它能给学生提供快速、准确的信息，从而完善线上学习平台和虚拟学习课程的功能，提高效率。这意味着教育科技企业可以采用 ChatGPT 来支持学生通过线上学习课程取得进步，并在师生互动机会不多的情况下为其提供更多的细节与解释。

ChatGPT、生成式 AI 和人工智能在教育技术领域有几个使用案例。以下列举一二。

理解主题

通过帮助他们理解主题，ChatGPT 可以鼓励学生在学习过程中进行互动。此外，它还可以帮助学生输入问题，并立即得到准确的答复。它还能通过解释解决方案，逐步帮助他们克服问题。这一功能可以辅助教育科技企业提供潜在业务（图 20-1）。

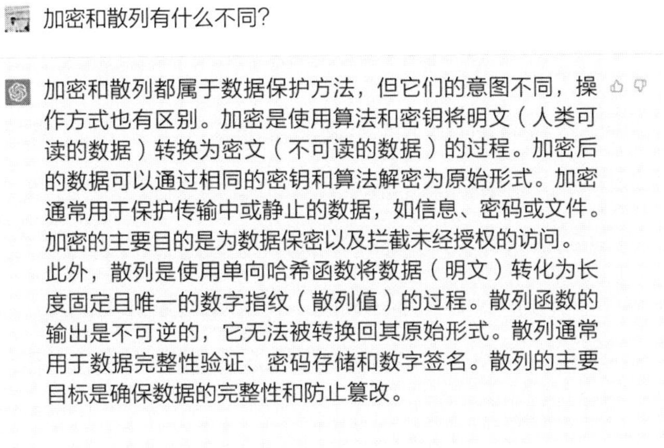

加密和散列有什么不同？

加密和散列都属于数据保护方法，但它们的意图不同，操作方式也有区别。加密是使用算法和密钥将明文（人类可读的数据）转换为密文（不可读的数据）的过程。加密后的数据可以通过相同的密钥和算法解密为原始形式。加密通常用于保护传输中或静止的数据，如信息、密码或文件。加密的主要目的是为数据保密以及拦截未经授权的访问。

此外，散列是使用单向哈希函数将数据（明文）转化为长度固定且唯一的数字指纹（散列值）的过程。散列函数的输出是不可逆的，它无法被转换回其原始形式。散列通常用于数据完整性验证、密码存储和数字签名。散列的主要目标是确保数据的完整性和防止篡改。

图 20-1　使用 ChatGPT 帮助学生答疑

解决写作困难

ChatGPT 可用于提出写作主题、协助构思，并根据内容、组织形式及风格等因素给作品评分。ChatGPT 可以通过为其作品提出意见来帮助学生提高写作能力，而这对教育科技企业也有裨益（图 20-2）。

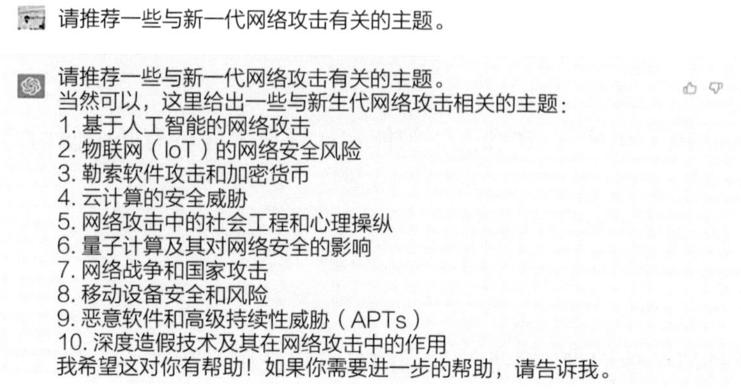

请推荐一些与新一代网络攻击有关的主题。

请推荐一些与新一代网络攻击有关的主题。
当然可以，这里给出一些与新生代网络攻击相关的主题：
1. 基于人工智能的网络攻击
2. 物联网（IoT）的网络安全风险
3. 勒索软件攻击和加密货币
4. 云计算的安全威胁
5. 网络攻击中的社会工程和心理操纵
6. 量子计算及其对网络安全的影响
7. 网络战争和国家攻击
8. 移动设备安全和风险
9. 恶意软件和高级持续性威胁（APTs）
10. 深度造假技术及其在网络攻击中的作用
我希望这对你有帮助！如果你需要进一步的帮助，请告诉我。

图 20-2　ChatGPT 在写作项目上为学生提供帮助

学习语言

ChatGPT 可以为学生提供人工智能语言导师，帮助他们进行翻译、发音、语法和对话练习，进而支持学生进行语言学习。此外，它还可以通过提供包括语法课程和活动在内的资源来帮助学生学习语言规范和结构。这可以帮助教育科技企业根据学生的要求来开发定制服务（图 20-3）。

学生在参与创造性学习方面应当有广泛的选择。老师应该与学生一同探索人工智能作为写作工具的奥秘所在，了解其运作方式，而非取缔人工智能。学生会因此而受益，发展其批判性媒体素养，还会因此而提高自己的写作与批判性思维能力。

通过为学生提供个性化的学习体验，提高其学习成果，并促进每个人的教育可及性，人工智能有可能完全改变教育科技行业。

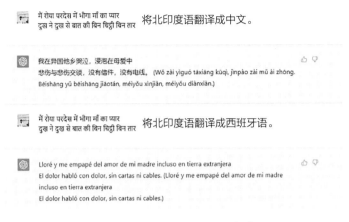

图 20-3 学生可以使用 ChatGPT 来学习语言

▶ 工作流程自动化

教师可以使用 ChatGPT 将评分和批作业等过程自动化，从而专注于其他更重要的职责，如备课和与学生互动。这可以帮助教育科技企业根据学生的要求开发定制服务，也可以节省教师的时间。

▶ 定制化教育

ChatGPT 可以基于每个学生的兴趣、学习偏好和技能来为他们定制学习计划。这可以帮助教育科技企业开发符合消费者要求的产品和服务（图 20-4）。

ChatGPT 是教育领域的重要参与者。师生双方都能从提高教学效率的过程中受益。在未来，由于人工智能技术的不断进步，ChatGPT 将在教育领域得到更广泛的应用。

请帮助对教育科技企业感兴趣的学生制定一项学习策略。

当然可以！以下给出一些学习策略，对教育科技企业感兴趣的学生可以遵照执行：
1. 从基础做起：首先研究教育科技企业的基本情况，包括它们是什么，如何工作，以及它们提供什么类型的产品和服务。
2. 了解市场：要理解教育科技企业，其关键就是要理解该市场。要研究市场趋势，确定主要参与者，并了解市场中的不同细分。
3. 研究教育科技企业中的成功案例：研究成功的教育科技企业，了解他们的成功之道。看看他们的商业模式、产品和营销策略，以确定最佳实践。
4. 了解新兴技术：教育科技是一个快速变化的领域，因此，保持对新兴技术的了解十分重要。研究新兴技术，如人工智能、机器学习、虚拟和增强现实，并了解它们在教育科技中的潜在应用。

图 20-4 使用 ChatGPT 为学生定制学习计划

▶ 需要进一步去做的工作

在过去十年里，使用人工智能和机器学习技术来改进和补充传统教学方法的想法已经受到了明显的关注。这些工具可以用来创建个性化的学习体验，创建新的教学材料，并提供实时的反馈和评估。

ChatGPT 无法理解错综复杂的人类情感和动态讨论。它处理不了跨越广泛主题的讲座内容，因为它无法理解上下文或其中的微妙联系。幽默和讽刺在人类交流中是很常见的，但对 ChatGPT 来说，应对它们同样具有挑战性。此外，ChatGPT 不能提供个性化的客户支持，因为这需要大量的数据才能实现。

虽然 ChatGPT 仍处于早期阶段，我们仍然可以对其潜力加以利用。关键的是要记住，ChatGPT 的答复质量取决于用来训练它的数据。因此，教育科技企业也必须考虑到这一方面及其局限性，并以恰当的方法使用 ChatGPT。

教育科技领域的私人投资在 2020 年增长到了 161 亿美元，在 2021 年增长到了 208 亿美元，但这个数字却在 2022 年下降到了 106 亿美元。虽然相较于 2021 年的高点，美国、印度以及欧洲等地的融资金额都有所下降，但 2022 年的减少有很大一部分是因为中国投资者从该行业中撤资所造成的。

基于人工智能的发展以及 ChatGPT 给行业带来的明显颠覆，未来的教育行业发展将与新技术领域发生密切的关联。考虑到这项技术也才刚刚问世，我们需要继续关注事态的进展，看看相关技术是如何在世界范围内传播的。政府应该考虑并制定强有力的技术政策，与私营教育科技公司合作，推动教育科技领域顺利发展，并使企业、初创公司以及所有人都从中受益。

▶ 结论

在 ChatGPT、人工智能和生成式 AI 等创新成果的帮助下，教育科技行业得到了迅速的发展。这些技术正在改变我们的教学方式，并为学生和教师带来了新的选择。

对话式人工智能，也就是我们所熟知的 ChatGPT，可用于创建能够辅助学生并为其提供反馈的聊天机器人。这些聊天机器人可以为学生提供实时帮助，也可以被纳入线上学习环境或教育应用程序当中。由于它们可以根据每个学生的独特需求调整自己的回答，所以，它们也可以提供个性化的学习体验。

人工智能可用于检查学生数据，并提供对其学业进展的看法。教师可以通过监测学生的进展和识别他们有困难的领域来为其提供必需的个性化支持。人工智能还可用于开发与每个学生熟练程度相匹配的适应性测试，以便更准确地衡量他们的知识水平。

生成式 AI 可以为每个学生提供个性化的学习体验，并对他们的学习偏好做出反应。它可以通过检查学生数据，针对每个学生的优、缺点提供个性化的信息，从而提高其学习水平。为了吸引学生，使学习过程更愉快，它也可以用来开发语言学习辅助工具，教学游戏和其他交互性学习体验。

　　总的来说，ChatGPT、人工智能以及生成式 AI 正在对教育科技领域产生重大的积极影响。这些工具协助教师为学生提供更个性、更有效的学习体验，也刺激了教学行业的不断创新。

识记要点

- ChatGPT 能够产生类似人类的语言，还能回应用户的问询。这些能力使它具备了多种用途，也导致了各行各业对其兴趣大增。

- 得益于其在理解和反应自然语言方面的良好表现，ChatGPT 具备了十分先进的自然语言理解能力和任务生成能力。

- ChatGPT 是很有用的工具，它可以指导学生如何根据给定主题来创作内容。

- ChatGPT 可以将非结构化数据转换成结构化数据，它在非结构化数据的组织方面有很出色的表现。

- ChatGPT 在未来可能全面接管教育科技行业。

- ChatGPT 可以帮助教员摆脱教学、写作、论文评分、内容创作以及语言教学工作对文本的依赖。从这一点来看，这一功能在为学生创建说明、评估以及材料方面具有至关重要的作用。

- 学生可以从 ChatGPT 的自动生成练习题中受益。

- ChatGPT 也从根本上改变了线上教学领域的游戏规则。

- ChatGPT 能给学生提供快速、准确的信息，从而提升线上学习平台和虚拟学习课程的功能和效率。

- ChatGPT 可以为学生提供人工智能语言导师，帮助他们进行翻译、发音、语法和对话练习，进而支持学生进行语言学习。

● 通过为学生提供个性化的学习体验，提增加其学习成果，人工智能有可能完全改变教育科技行业。

● 未来，由于人工智能技术的不断进展，ChatGPT 将在教育行业中得到更为广泛的应用。

第二十一章

ChatGPT 在研究工作
中的潜力

21

继先前推出的一系列 GPT 模型之后，OpenAI 于近期推出了 ChatGPT，这是一种大语言模型。所谓 ChatGPT，就是生成式预训练转换器。该词前半部分的"生成式"一词与其语言模型的种类有关，所以，它真正想要做的是去确定：在基于已知文本对提示做出回应时，接下来生成怎样的文本最为可信。

学生和研究人员都明白为研究获取适当的工具是何其关键。做出正确的判断需要大量的信息与数据，但获取这些信息与数据并不总是那么简单。学生及研究人员仍在探索 ChatGPT 的最佳使用案例，例如现在流行的基于强大人工智能模型的聊天机器人。本章将展示如何利用 ChatGPT 进行研究，以及它可能会以怎样的方式来提高研究的有效性、效率以及趣味性。

学生和研究人员可以向 ChatGPT 提出问题，它将用你选择的自然语言来做出回应（它会说多种语言，甚至可以辅助语言学习）。ChatGPT 的最大好处之一是，它已经在难以置信的海量数据上进行了训练，并创建了一个巨大的信息库。因此，ChatGPT 可以帮助你完成从事实检查到概念生成的所有工作。

▶ ChatGPT 可以用来辅助研究工作吗

ChatGPT 可以用于学术目的。OpenAI 创建了 ChatGPT 语言模型来进行自然语言的处理，目的就是让其成为辅助研究和其他任务的工具。

然而，关键是要记住，ChatGPT 并不能替代原创性研究，也不具备批判

性的思维能力。虽然它可以提供意见和建议，但最终还是要由你自己来评估数据并做出决定。

此外，就像使用任何研究工具一样，在研究工作中使用由 ChatGPT 创建的任何资料时，也要确认它们的出处，这一点至关重要。这样做可以确保作品的原创性，保证其中不涉及抄袭行为。

ChatGPT 可以成为研究工作的合著者吗

ChatGPT 不能担当研究成果的合著者，因为它只是一个人工智能语言模型。合著者通常是指那些对研究工作作出了重大贡献的人，例如通过数据收集、实验、分析和结果解释来辅助研究完成的人。此外，ChatGPT 只是一种工具，它可以辅助某些领域的研究过程，但不能显著推进项目的进展。

学术机构和出版商是否会将 ChatGPT 视为有效的合著者，这同样有待商榷，因为他们对作者身份的认定有非常严格的规定和标准。因此，在研究论文中将 ChatGPT 添加为合著者并不合适。但尽管如此，你还是可以在论文的致谢部分提及 ChatGPT，或者在方法部分描述你是如何使用它来辅助你的研究的。

初学者如何设置 ChatGPT 来从事研究工作

新手可能会比较难对 ChatGPT 进行设置，以此来辅助研究工作，不过下述程序可以为新入行的人们提供更多力量，推进其工作的进行：

·你可以通过各种接口接入 ChatGPT，比如 Hugging Face 的变形库、OpenAI 的 API 或像 IBM 的沃森医疗（Watson）那样的专门的聊天机器人服务。根据所需的功能去选择对你更友好的界面。

·ChatGPT 只能与某些包含数据集或训练数据的聊天机器人系统一同使

用。你可以选用现有的数据库，也可以根据自己的研究问题来建立相关的文本数据集。要确保数据集足够准确并且包含必要的数据内容。

· 如果你的平台需要数据训练，你就得用你选的数据集来训练 ChatGPT。为了提高模型在为你的研究问题提供相关答案方面的精度，需要将数据集提供给 ChatGPT 并对其进行微调。

· 在建立起 ChatGPT 系统并对其进行校调之后，你就可以向它提一些与你的研究主题相关的问题了。提开放性问题，这能让 ChatGPT 生成更全面以及更有教育意义的答案。

· 对 ChatGPT 所生成答案的正确性和相关度进行评估。关注 ChatGPT 的局限性，并在对给出的数据进行评估时保持批判性。

· 在使用 ChatGPT 辅助研究时，你可能需要变更你的研究问题，进一步训练 ChatGPT，或完善你的数据库。不要犹豫，多试验、多尝试，直到发现最适合自己的研究策略。

很重要的一点是，要以耐心和开放的心态来看待这件事。此外，还需强调的是，ChatGPT 只能作为原始研究及批判性想法的补充而非替代。

▲ 如何使用 ChatGPT 从事研究工作

虽然 ChatGPT 可能是一种有用的研究工具，但关键是要记住，它不应成为你项目的唯一数据来源。你可以通过以下方式来使用 ChatGPT 从事研究工作：

· 在研究开始之前，最重要的是要对你想研究的主题有明确的概念。选取一个有趣的、相关的研究主题或话题，使用 ChatGPT 来创建新想法。

· 用 ChatGPT 来查询与你的研究主题相关的过往文献。ChatGPT 可以帮助你发现文献中的空白，对相关文章或资料清单进行汇编，或对该领域当前的知识体系进行总结。要确保文献来源的可靠性，并注意在评估材料时保持批判性。

·以文献综述为基础制订研究计划，概述你收集数据、进行研究和分析数据的方法。你可以通过 ChatGPT 获得辅助，从中获取进行研究和分析数据的最佳方法。

·根据你的研究策略，你可能需要从各种渠道进行信息收集，包括调查、采访和实验等方法。ChatGPT 可以为你推荐数据收集方法，并协助进行数据分析。

·当你已经收集并且检查过研究数据之后，请用 ChatGPT 把研究结果写出来，以此帮助你整理自己的研究成果并创建研究论文或报告。ChatGPT 可能会为你提供建议，告诉你要如何编辑论文、组织引文与参考文献，以及对作品进行修改与校对。

尽管 ChatGPT 可能是很有用的学习工具，但一定不要忘记运用批判性思维评估你所发现的数据。要确保检查 ChatGPT 所提供数据的准确性和其来源的可靠性。

▶ 使用 ChatGPT 来创建研究问题

ChatGPT 可以通过创建问题并对其进行提炼来帮助你形成一个具体且全面的研究问题。学生和研究人员可以在 ChatGPT 的帮助下快速生成许多潜在的研究问题。这种奇妙的方法很能激发思考，也能促使人们从不同角度对同一问题进行探索（图 21—1）。

我以一个相当具体的问题开始："就以下主题提出三个可能的研究问题：'使用开源工具进行多代勒索软件家族分析'。"

1. 多代勒索软件家族共有的特征和模式是什么，如何使用开源工具来对其进行 👍 👎
分析？
2. 使用开源工具分析和减轻多代勒索软件家族影响的最佳实践方法是什么，以
及如何将这些做法纳入现有的网络安全框架？
3. 如何使用开源工具识别和预防多代勒索软件家族的威胁，以及在网络安全研
究和实践方法中使用这些工具有哪些潜在的伦理和法律影响？

图 21-1　ChatGPT 生成研究问题的能力

不过，要确保创建的问题有意义，并且符合研究意图，如上例所示，
你可以继续使用 ChatGPT，按自己的需求来修改其建议以满足研究工作。
ChatGPT 之所以令人印象深刻，是因为它不仅能够创建和提炼可能的疑问，
还能发现具体且全面的研究问题。

➤ 使用 ChatGPT 来起草研究大纲

学生和研究人员可以利用 ChatGPT 来辅助创建论文或研究报告的大纲。
你可以先试着想一个潜在的标题以及副标题，接着对其进行润色，继而形
成纲要。ChatGPT 可以帮你生成简明而系统的大纲内容，在使用它来不断对
文章结构进行修订的时候，这一点尤其有用（图 21-2）。

我以一个相当具体的问题开始："根据以下研究问题'使用开源工具进
行多代勒索软件家族分析'来制定研究大纲。"

尽管 ChatGPT 具备上述功能，但它没法全面理解你的研究主题。因此，
它偶尔也会给出一些不太合适的标题。所以，要去验证它给出的大纲是否
具备意义及其是否提供了你研究问题所需的所有细节。ChatGPT 惊艳众人的
原因在于它不仅能制定大纲，还能对其做出逐步的解释。

当然可以，这里给出一个提纲，你可以把它作为研究工作的起点：
I. 简介
A. 背景和环境
B. 问题陈述
C. 研究问题
D. 目标
II. 文献回顾
A. 多代勒索软件家族概述
B. 使用开源工具对勒索软件家族进行分析
C. 针对多代勒索软件攻击的对策
D. 该领域的过往研究工作
III. 方法论
A. 研究设计
B. 数据收集方法
C. 数据分析技术产生的反应
D. 使用的软件工具

图 21-2　ChatGPT 起草研究大纲的能力

使用 ChatGPT 来进行信息收集

ChatGPT 可以辅助用户集思广益，收集信息。试着向它提问，咨询一下该搜索什么内容，以及从哪里开始找。不过，不建议大家直接用它来查找资源。一旦研究问题确定了，数据收集工作就可以开始了。你可以通过多种途径从 ChatGPT 上获取帮助，进而完成这项工作（图 21-3）。

我以一个相当具体的问题开始问询："我要写一篇有关'使用开源工具进行多代勒索软件家族分析'的研究论文，请问我可能会在此间用到哪些资源？"

始终要以正确的方式注明你的信息来源，还要确保所使用的信息源真实可信。你可以根据自己的研究规模及广度结合使用一手及二手资源。ChatGPT 在这个问题上的表现十分出色，它不仅能给出信息来源建议，还能提供逐步的解释。

要写一篇关于"使用开源工具进行多代勒索软件家族分析"的综合论文，你可 👍 👎
以使用不同类型的资源，包括：
1. 学术期刊：包括计算机科学、网络安全和信息技术期刊，这类期刊所发表文章的主题都与勒索软件、恶意软件分析和开源工具有关。
2. 会议纪要：包括专注于网络安全、恶意软件分析或勒索软件研究的会议论文。
3. 书籍：包括关于恶意软件分析、反向工程和计算机安全等主题的教材及专业书籍。
4. 在线文章：包括来自可靠来源的文章和报告，如新闻机构、在线杂志和网络安全博客中的文字信息。
5. 白皮书：包括网络安全公司或其他组织发布的报告，提供有关勒索软件家族、其行为和潜在对策的信息。
6. 技术文件：包括用于恶意软件分析的开源工具的官方文档，如……

图 21-3 使用 ChatGPT 收集信息纲要

▶ 用 ChatGPT 来生产创意

ChatGPT 是一个能触发奇思妙想的神奇工具。如果你想不出好点子，或者在某个项目上卡住了，ChatGPT 可以从以下角度为你提供帮助。比方说，它可以轻松针对同一概念生成不同的解读。你可以在对话过程中不断输入"再次"（again），直至你对结果感到满意（图 21-4）。

我以一个相当具体的问题开始问询："我们可以对'使用开源工具进行多代勒索软件家族分析'这一研究主题做出哪些修改？"

研究人员和学生可以根据自己的兴趣及研究目标来修改研究主题，ChatGPT 的表现令人印象深刻。因为它不仅能够生成创意清单，还能对所有参数进行逐步解释。

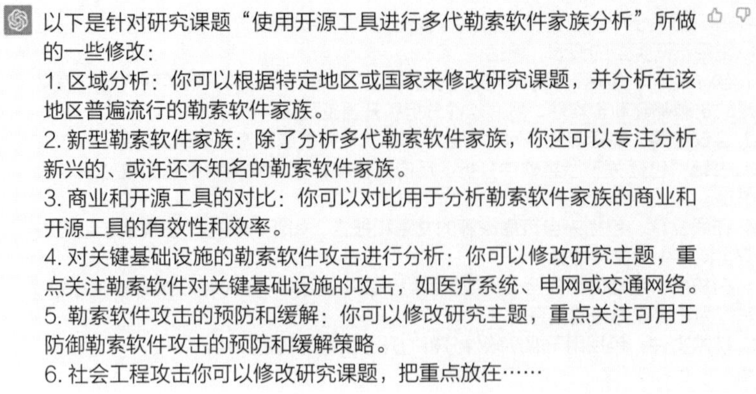

以下是针对研究课题"使用开源工具进行多代勒索软件家族分析"所做的一些修改：

1. 区域分析：你可以根据特定地区或国家来修改研究课题，并分析在该地区普遍流行的勒索软件家族。

2. 新型勒索软件家族：除了分析多代勒索软件家族，你还可以专注分析新兴的、或许还不知名的勒索软件家族。

3. 商业和开源工具的对比：你可以对比用于分析勒索软件家族的商业和开源工具的有效性和效率。

4. 对关键基础设施的勒索软件攻击进行分析：你可以修改研究主题，重点关注勒索软件对关键基础设施的攻击，如医疗系统、电网或交通网络。

5. 勒索软件攻击的预防和缓解：你可以修改研究主题，重点关注可用于防御勒索软件攻击的预防和缓解策略。

6. 社会工程攻击你可以修改研究课题，把重点放在……

图 21-4　ChatGPT 生成研究解释和建议的示例

▶ 最后，使用 ChatGPT 来强化研究工作

你可以使用 ChatGPT，获取从语法到行文风格，再到生产新鲜创意的各种帮助。以下是它能为你提供辅助的一些途径。

你可以使用 ChatGPT 来对论文的组织及推理过程提出批评与想法。如果你想不出新概念，或找不到合适的短语来表达，就可以要求 ChatGPT 来生成想法或给你一些启发。

▶ ChatGPT 在研究工作中的应用边界

ChatGPT 能对单词或句子做出解释，但它可能偶尔无法完全理解问题或研究课题的背景。

ChatGPT 只能访问它在 2021 年 9 月之前收集到的训练数据。因此，它可能并不了解有关某一特定主题的最新进展或知识。

与其他任何人工智能系统一样，ChatGPT 也很容易在训练数据中展现偏见。因此，它或许并不总能针对某一主题或问题给出全面或客观的分析。

ChatGPT 的训练依托的是已经存在的文本信息，人工智能有重复使用这些信息的倾向，这也许会涉及剽窃问题。人工智能给出的回答可能会包含从线上文章中提取的内容。

ChatGPT 是语言模型，它不具备图片和视频解释能力，而这些对某些研究领域而言可能是至关重要的。

ChatGPT 的训练基于广泛的来源，然而它无法可靠地识别所有给定输出文本的来源。更糟糕的是，如果你对其进行追问，它还会编造出一些并不真实存在的来源。

ChatGPT 无法从事原创研究或实验，因而也不能提供新的数据或见解。但是，它可以利用已经存在的知识与数据来传递信息并回复问询。

⬈ 用 ChatGPT 辅助研究工作的优势

ChatGPT 可以快速创建想法及回复，这能帮助研究人员更迅速、更有效地完成其研究任务。

ChatGPT 基于海量文本数据进行训练，它对各种不同主题的内容都有了解，能够提供来自诸多不同领域的数据及洞见。

ChatGPT 不太容易受到个人意见或先入为主的影响，而人类研究者则不然。

研究人员可以使用 ChatGPT 获得新鲜的知识，并针对同一主题形成与之前不同的全新视角。

ChatGPT 可以为研究人员提供想法及观点，激励其追寻新的调查方向，或从不同的角度来看待问题。

ChatGPT 可以提供可靠的答复及数据，这能使研究具备更可信及准确的数据支持。

对研究人员而言，ChatGPT 是十分便利好用的工具。因为它全天候开放，只要联网便可使用。

▶ 结论

ChatGPT 可能会改写科研界的游戏规则。它能让你获取海量信息，帮你节省时间和精力，培养创造力，提升写作技能，还能提供值得信赖的信息。不论你是研究人员、学生，还是其他需要快速有效获取信息的用户，都能从中获益。

此外，科技的发展只有前进一条路（而且速度飞快）。至于我们要如何认识并规范 ChatGPT 在研究中的使用细节，那是个更广泛的话题了，暂且搁置再议。然而，人类的发现对科研领域仍起到决定性作用，通过对 ChatGPT 在研究领域优越性的展示，我们更加证明了人类研究者依然在高质量的研究中扮演着重要的角色。

目前，我们还是认为研究人员应该将 ChatGPT 视为一种工具，而非威胁。对从事新兴经济体研究的人员、研究生以及学术生涯刚刚起步的学者而言，ChatGPT 特别有帮助，因为这类人群有时缺乏传统（人力）研究所依赖的资金支持，而 ChatGPT 及类似应用可能会使研究费用更为亲民。

识记要点

- OpenAI 于近期推出了 ChatGPT，这是一种大语言模型。
- 所谓 ChatGPT，就是生成式预训练转换器。
- 学生和研究人员都明白为其研究获取适当的工具是多么重要。
- 学生及研究人员仍在探索 ChatGPT 的最佳使用案例，例如当下最为流行的基于强大的人工智能模型的聊天机器人。
- 学生和研究人员可以向 ChatGPT 提出问题，它将用你选择的自然语言来做出回应。

- OpenAI 创建了 ChatGPT 语言模型来进行自然语言的处理，目的就是让其成为辅助研究和其他任务的工具。

- 关键是要记住，ChatGPT 并不能替代原创性研究，它也不具备批判性的思维能力。

- 在研究论文中将 ChatGPT 添加为合著者并不合适。

- 新手可能会比较难对 ChatGPT 进行设置，以此来辅助研究工作，不过还是有一些程序可以为新入行的人提供更多力量，帮助其开展工作。

- 你可以通过各种接口接入 ChatGPT，比如 Hugging Face 的变形库、OpenAI 的 API 或像 IBM 的沃森医疗（Watson）那样的专门的聊天机器人服务。

- 虽然 ChatGPT 可能是一种有用的研究工具，但关键是要记住，它不应成为你项目的唯一数据来源。

- 在研究开始之前，最重要的是要对你想研究的东西有明确的概念。

- 以文献综述为基础制订研究计划，概述你收集数据、进行研究和分析数据的方法。

- ChatGPT 可以为你推荐数据收集方法，并协助你进行数据分析。

第二十二章

ChatGPT 在编码及编程
工作中的潜力

22

建议读者先熟悉一下编程语言再来阅读本章，因为这样你才能判断 ChatGPT 所告知给你的内容是否可信。因为很多人会被误导，继而盲目地相信 ChatGPT 是未来的伟大创造，它会让开发人员成为明日黄花。如果你还不熟悉 ChatGPT，那么在此做些说明：ChatGPT 是由 OpenAI 开发的大语言模型聊天机器人。它以海量的线上内容，包括可免费下载的代码及编程教程作为其训练域。这表明它能够针对典型的编程问题进行"搜索"并将结果汇编成一套可行的解决方案。有时候，编程任务很具挑战性。学习一种新的计算机语言或去承担某项自己不甚熟悉的任务可能会是一种非常糟糕的体验。而现在，除了相关教程与文档，你也可以将 ChatGPT 当作一种编程资源来使用。

由此也产生一个疑问：开发人员是否也会面临与流水线工人同样的命运——被人工智能所取代？

▶ 我能用 ChatGPT 来编程吗

ChatGPT 能完成许多不同的任务，包括创建代码、回应任意形式的困难咨询，甚至是制作代码和给代码配音。对程序员和开发者而言，ChatGPT 是有用且有效的工具，因为它会利用自然语言处理技术来理解和回应人类语言。通过使用 ChatGPT，你可以明显提高代码的效率、生产力以及质量。

在处理 40 个 Python 问题时，ChatGPT 在其中 19 个问题上的解决效果与

CoCoNut[①] 和 Codex 不相上下。然而，只有 7 个问题是用传统的 Apache 可移植运行库（Apache portable Run-time libraries，APR）技术解决的。ChatGPT 的后续对话成功率达到了 77.5%。

然而，这对开发者的投入和产出会有什么影响，目前还不能确定。由于 ChatGPT 所生成的回复总是看似合理但质量堪忧，所以 Stack Overflow[②] 最近将其禁用了。

相信开发者会在未来推出专门用于代码编写的 ChatGPT 应用程序。

毫无疑问，用 ChatGPT 来检查或编写代码比使用人工从头查起或从头写起要更快。你也可以使用 OpenAI 技术来学习新的编程语言或功能。以下步骤会帮助你使用 ChatGPT 来进行编程。

打开网络浏览器，输入"ChatGPT"。

1. 访问该公司的网站。

2. 如果你是新用户，先注册，再登录。

3. 如果出现提示，请确认你的电话号码。

4. 在 ChatGPT 的窗口主页上点击"个人使用"。

5. 选择你要使用的功能。

6. 点击"在界面中打开"按钮。

7. 编写或键入你希望生成的代码的上下文。

代码生成

ChatGPT 还可以生成基于目标查询的原始关卡代码。它可以为特定的任务生成连续的代码架构，并通过代码将任务辅助完成到中等完成水平（图

---

① Python 语言的变体。——译者注
② 一个 IT 问答网站。——译者注

22–1、图 22–2）。

如何用 Python 对某人说生日快乐？

要在 Python 中对某人说"生日快乐"，我们可以使用内置的"print()"函数来输出一条信息。这里给出一个代码片段示例：

在这个代码片段中，我们首先定义了一个变量"name"来存储我们要祝福的人的名字。

图 22–1　GPT 用 Python 写代码的功能示例 1

如何在 HTML 和 CSS 中构建网站代码，进而对某人说"生日快乐"！

要用 HTML 和 CSS 构建网站代码，向某人说"生日快乐"，你可以遵照以下步骤：
1. 打开文本编辑器，创建一个扩展名为 html 的新文件。
2. 在文件开头键入"<!DoCTYPE htnl>"，然后键入"< htnl>"和"</htnl>"标签来括起内容。
3. 在"chtnl>"和"</htnl>"标签中，添加"<head>"和"</head>"部分。在"< 标题"部分输入"<title Happy Birthdayt</title>"，为你的网页添加标题。
4. 在"<htnl>"和"</htnl>"标签之间创建一个"<body>"和"</body>"部分。
5. 在"<body>"和"</body>"部分中创建一个"<div>"元素来填充与生日祝福相关的消息。在开始标签后输入 class-"birthday -nessage"，为"<div>"指定一个类名。像这样："<div>"。
6. 在 dtv> 元素中键入"生日快乐！"或你想要输入的任何其他信息来添加生日祝福。
7. 使用 .css 扩展名来设置生日消息的样式并对其进行链接……

图 22–2　GPT 用 Python 写代码的功能示例 2

以上是由 ChatGPT 用 Python、HTML 和 CSS 生成的生日祝福代码的一部分。学生和开发人员可以根据每一个需求来修改问题的样例代码，以满足其需求并解决目标问题。在此过程中，ChatGPT 给人留下了深刻的印象，

因为它不仅生成了代码，还能将所有参数都涵盖在内，并对其做出逐步的解释。

发现和修复代码中的错误

上面的程序有一个错误。ChatGPT 发现，该程序未对变量 A2 进行定义，这将导致程序运行时出现"NameError"的报错提示。学生和开发人员可以在代码编译过程中对其错误进行检查，以解决目标问题。ChatGPT 给人留下了深刻的印象，因为它不仅能找到代码中的错误，还能将所有参数都涵盖在内，并对其做出逐步的解释。此外，它还能给出程序 bug 的修复建议（图 22-3）。

该程序是否存在 bug？如何对其进行修复？
A1 = 15
B2 = 12
sum = A1+B2
print("Sum of {0} and {1} is {2}".format(A1,A2, sum))

是的，这个程序是有 bug 的。具体来说，"print"语句试图引用未在程序中定义的变量"A2"。这将导致程序运行时出现"NameError"提示。要修复这个 bug，你可以在"print"语句中将"A2"替换为"B2"，这样它就可以引用正确的变量：

图 22-3　使用 ChatGPT 修复代码中的错误

了解算法和生成评论

在本例中，ChatGPT 首先导入基本库，其中包括用于线性回归技术的

Scikit-learn 和用于数据处理的 NumPy。每一行代码都有注释。ChatGPT 给人留下了深刻的印象，因为它不仅能为算法开发代码，还能将所有参数都涵盖在内，并对其做出逐步的注释（图 22-4）。

你能给我提供一个示例，告诉我如何在 Python 中开发线性回归算法吗？

当然可以！下面给出一个示例，说明如何使用 Scikit-learn 库在 Python 中开发简单的线性回归算法：

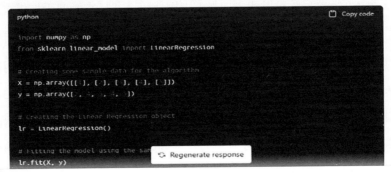

```python
import numpy as np
from sklearn.linear_model import LinearRegression

# Creating some sample data for the algorithm
X = np.array([[ ], [ ], [ ], [ ], [ ]])
y = np.array([ , , , , ])

# Creating the Linear Regression object
lr = LinearRegression()

# Fitting the model using the sa
lr.fit(X, y)
```

图 22-4　使用 ChatGPT 解决编码过程中的算法问题

ChatGPT 是否会取代开发人员

尽管对于足够胜任、能对所写代码进行检查和修改的程序员而言，ChatGPT 也是很有用的工具，但 ChatGPT 并不具备独立的智能。ChatGPT 只能基于文本进行工作，它只会搜索与请求相关的代码和解释信息。虽然它可以"流畅地"组合文本片段，但不能进行逻辑推理，也不能发现结果中存在的矛盾和荒谬之处。

ChatGPT 用于训练的数据均来源于 2022 年以前。由于它的生成结果与最新的行业标准相比有延滞性，所以我们经常会看到它生成过时的代码。

请始终记得：ChatGPT 是一个用数据训练出来的模型，而不是真正的软件工程师，ChatGPT 也不是人类确认答案的唯一来源。因此，不同的人对

"正确答案"的认定会有所区别。

由于搜索引擎的数据比模型的数据更新，所以需要将最新的工具、数据库或发布版本等纳入 ChatGPT 当中，这不应该只停留在建议阶段。因为 ChatGPT 可能会用听起来合理的单词或代码去滥竽充数。它最终生成的结果可能在密钥、数据库或数据结构上有所缺失。也可能只是在每个连续的阶段对名称、顺序或其他字段做了一点改动。

ChatGPT 经常需要被提醒去加强或加固代码，并且它倾向于提供直接的实例，而不考虑生成的情况或边缘环境，因此，ChatGPT 生成的代码可能会产生冗余、错误，甚至是破坏性的代码。它不能理解代码在逻辑上的相互依赖关系，并可能会在不适当的情况下给出一般性的合理建议。

ChatGPT 的输入和输出在大小和复杂性上都会受到限制。虽然受限的具体细节因人而异，但这是不可避免的。例如，如果"空间"不够，输出内容可能会在句子中间或代码中间戛然而止，ChatGPT 可能会（孤立地）对可信的程序或集合进行组合，这将导致重复性的工作。例如，它可能建议你压缩已经压缩过的材料。另外，对于已修复问题的修复提醒，随着时间的推移，ChatGPT 可能会重复这些提醒。

▶ ChatGPT 或生成式 AI 在代码或编程工作中的应用边界

ChatGPT 或生成式 AI 只支持接受过正式训练的几种编程语言，包括 Python、Java、C++ 和 JavaScript。而对于没有接受过训练的编程语言，它们还不能产生理想的效果。

ChatGPT 或生成使 AI 可以产生代码文本，但这些代码并不总是完全优化的，也有可能不会正常运行。这是由于要生成代码，就要对某个问题的需求及限制有所了解，而这是 ChatGPT 所不具备的功能，此外，ChatGPT 或生成式 AI 可能也无法捕获某些边缘性的情况或优化问题。

重要的是要记住，在使用人工智能语言模型生成代码之前，始终要由人类开发者对其进行检验和审查。因为所创建的代码可能存在故障或安全缺陷，必须由人类对其加以修复。尽管诸如 ChatGPT 或生成式 AI 这样的人工智能语言模型可能对代码开发大有裨益，但认识到其局限性，并将之与人类经验结合使用仍然至关重要。

▶ 结论

作为一种人工智能语言模型，ChatGPT 或生成式 AI 可以根据输入生成各种编程语言的代码片段。在开发新代码时，这有可能帮助开发人员节省时间与精力，尤其对于那些常规工作或重复性活动。

除了生成代码片段，人工智能还可应用于代码及编程工作的各个方面。比方说，人工智能可用于评估和改进代码，发现和解决问题，以及将测试及应用程序自动化。

人工智能也支持开发人员间的沟通以及代码审查。例如，它可以预测合作代码项目中可能出现的冲突与挑战，或基于代码审查的结果推荐代码升级与修改方案。

关键是要记住，人工智能不可以取代人类的代码和编程技能。人类开发者能提供一系列技能与知识，这是人工智能所无法比拟的。在将人工智能生成的代码应用到生产环境中之前，人类开发者应该始终对其进行检验和审查，以确保代码的安全性和实用性。

总的来说，人工智能有可能通过将一些任务自动化并且提高效率来变革代码和编程领域，但为了达到最佳效果，它应该与人类经验结合起来使用。

识记要点

- 建议先对编程语言有所熟悉再来阅读本章，因为这样你才能判断 ChatGPT 所告知你的内容是否可信。

- 如果你还不熟悉 ChatGPT，要在此做些说明：ChatGPT 是由 OpenAI 开发的大语言模型聊天机器人。

- 对程序员和开发者而言，ChatGPT 是有用且有效的工具，因为它会利用自然语言处理技术来理解和回应人类语言。

- 学生和开发人员可以根据每一个需求来修改问题的样例代码，以满足需求并解决目标问题。在此过程中，ChatGPT 给人留下了深刻的印象，因为它不仅生成了代码，还能将所有参数都涵盖在内，并对其做出逐步的注释。

- 尽管对于足够胜任、能对所写代码进行检查和修改的程序员而言，ChatGPT 也是很有用的工具，但它并不具备独立的智能。

- 请始终记得：这是一个用数据训练出来的模型，而不是真正的软件工程师，ChatGPT 也不是人类确认答案的唯一来源。

- ChatGPT 的输入和输出在大小和复杂性上都会受到限制。

- 重要的是要记住，在使用人工智能语言模型生成代码之前，始终要由人类开发者对其进行检验和审查。

第二十三章

ChatGPT 的最新进展

ChatGPT 只用了短短不到三个月的时间就吸收了大量的用户，这一增长速度令人印象深刻。该平台所提供的高质量设施及服务是其成功的重要因素，这也使 ChatGPT 成为全球用户增长最快的平台。而除此之外，它还一直在不断地更新及改进其人工智能模型，这些优化也受到了用户的好评。

然而，运营如此庞大的人工智能模型需要耗费大量的资源，这使其成为一门昂贵的交易。为了应对这一挑战，ChatGPT 以 300 亿美元的估值从微软获取了 100 亿美元的融资。它将运用这笔资金来持续创新，为用户提供高质量的服务，同时支持平台的成长与扩张。总的来说，微软的这次注资是 ChatGPT 的一个重要里程碑，它拓宽了人工智能和自然语言处理领域的边界。

▶ 关于近期的渐进式进展

本节按照从旧到新的顺序展示了 ChatGPT 所做的更新及微小变化。

2022 年 12 月 15 日

ChatGPT 发布的第一项改进：它现在不太可能拒绝回答问题了，这表明该平台的人工智能模型已经得到了进一步的发展和完善，可以更好地响应客户的问询。这一改进应该会改善整体的用户体验，使用户更容易从 ChatGPT 获取他们需要的信息。

ChatGPT 的第二项改进是引入了历史对话记录，这将使用户能够对他们过去与 ChatGPT 的对话进行回顾与管理。这一功能应有助于用户跟踪他们与平台的互动，提高他们对平台功能的理解，并使其能够更有效地管理他们的对话历史记录。

第三项改进是设置了每日消息上限，为了确保所有 ChatGPT 用户都能拥有高质量的体验，该功能目前仍在试验阶段。加入该群组的用户可以选择通过向平台提供反馈来扩展他们对 ChatGPT 的访问权限。这种方法将允许 ChatGPT 对每天发送的消息数量进行限制，同时确保提供有价值反馈的用户可以不受任何限制地继续使用该平台。

2023 年 1 月 9 日

当日声明强调了 ChatGPT 模式的两个关键改进之处。首先是该模型对广泛主题的回复质量得到了普遍的改进，其真实性也有所增强。这表明 ChatGPT 的人工智能模型得到了进一步的完善和优化，能够基于用户问询给出更准确和更可信的答复。

第二个改进是增加了停止生成 ChatGPT 回复的功能。这项功能可能是根据用户反馈添加的，如果用户认为对话的方向或平台提供的回应不满意，ChatGPT 可以停止继续生成回应。这项功能应该能让用户更好地控制他们与 ChatGPT 的互动，并提升他们在平台上的整体体验。

2023 年 1 月 30 日

ChatGPT 模型已经升级，可以提供更准确的信息和更好的数学查询响应。这表明该平台一直致力于增强其人工智能模型和改善用户体验。

2023 年 2 月 9 日

本次发布为用户提供了两种选项，第一种是默认的 ChatGPT 标准模型，用户们可能已经很熟悉了。第二个选项是"Turbo"模式，它针对速度进行了优化，目前正处于 α 测试阶段。这个功能应该能让 ChatGPT Plus 用户以更灵活、更可控的方式展开与 ChatGPT 的交互，并允许他们选择最能满足自己需求和偏好的模型。

2023 年 2 月 13 日

首先，ChatGPT 模型的性能在免费方案上进行了更新。这表明人工智能模型已经得到了进一步优化，可以为更多用户提供有效的服务。

其次，基于反馈，现在 Plus 用户将默认使用速度更快的"Turbo"版 ChatGPT。早期版本在一段时间内仍然可用。

最后，ChatGPT 已在国际范围内开放售卖 ChatGPT Plus 服务，自此，世界各地的用户都可使用该平台的高级版本，并享受额外的功能与好处。

ChatGPT Plus 简介

月度计划：20 美元 / 月

ChatGPT Plus 的月度服务价格为 20 美元。这项服务的开发旨在为用户提供几项优势，包括即使在高峰期也能访问 ChatGPT，更快的响应时间，以及优先获取新功能及新改进。

付费服务的推出旨在让用户能够继续免费访问 ChatGPT。设置订阅价的目的是要能让尽可能多的人都能免费使用 ChatGPT。订阅计划为那些需要更多高阶功能和更快响应速度的用户提供了机会，以此支持平台的发展与维护，同时为不需要这类付费功能的那些用户提供免费的访问入口。

下一阶段的可能进展

根据公众的反馈和需求，该产品将继续完善和扩大其架构，积极探索新选项，通过在后端进行优化开发的低成本计划、具体业务计划和数据包来增加方案的可用性。此外，开发者也将很快给出 ChatGPT 的 API 等待名单，越早加入的用户越有机会提前开启其 API 与 ChatGPT 的磨合之旅。

识记要点

- ChatGPT 一直在不断地更新及改进其人工智能模型，这些优化也受到了用户的好评。

- 为了应对运营费用高昂的挑战，ChatGPT 以 300 亿美元的估值从微软获取了 100 亿美元的融资。

- ChatGPT 在 2023 年 1 月 9 日作出的第二个改进是增加了停止生成回复的功能。

- 基于反馈，现在 Plus 用户将默认使用速度更快的"Turbo"版 ChatGPT。

- ChatGPT 已在国际范围内开放售卖 ChatGPT Plus 服务。自此，世界各地的用户都可使用该平台的高级版本，并享受额外的功能与好处。

- 设置订阅价的目的是要让尽可能多的人都能免费使用 ChatGPT。

第二十四章

ChatGPT 及其当前市场

24

对话式人工智能作为主流技术的持续发展是 ChatGPT 对市场研究的主要意义之一。在市场研究领域，对话式人工智能作为一项新兴技术已经被讨论了一段时间，但即便到了现在，人工智能的功能仍然算不上是真正强大。因此，ChatGPT 开发的目的是更大程度上证明人工智能能够进行对话，它表明这项将在未来塑造市场研究领域的技术目前已经可用了。

要做的工作还有很多。例如，ChatGPT 还有一些可行的功能可以在某些情况下为我们提供帮助。但就像人类一样，许多人都知道要如何在对话中提出问题，但市场研究人员，特别是定性问题研究者，只有经过多年的专门训练和经验的累积，才能在恰当的语境下提出正确的问题。因此，我们还必须做更多的创新工作才能真正驾驭诸如 ChatGPT 这样的技术，确保它所问的问题恰到好处，并不操之过急，且与上下文相关。

▸ ChatGPT：快速增长和未来的挑战

ChatGPT 是一项在短时间内就取得了空前成功的数字服务。只花了短短 5 天，它就积累了令人瞩目的 100 万用户群，这是一项前不见古人的壮举。目前，ChatGPT 拥有超过 1 亿个数据库，这表明它已在全球用户中得到了持续性的普及。

然而，要在一个免费访问的平台上维护数量如此庞大的用户群及其不同的使用案例可能是一项挑战。这可能会导致服务器崩溃或延宕，造成世界上某些地区的服务器停机。ChatGPT 的开发团队正在不断努力提升平台的性能，并确保它能够适应用户数量的快速增长。除了 ChatGPT，在该平台的初始宣传阶段还出现了几种其他的生成式对话 AI 解决方案，而这些方案也在这段时间获得了营销行业的青睐。虽然这些人工智能解决方案可能无法提供 ChatGPT 所具备的全部功能，但它们也擅长解决特定的任务，同样能在各自的领域内发挥作用。

一些 ChatGPT 的替代品

以下是 ChatGPT 的一些替代品。

ChatSonic

价格：免费

由著名的内容创作工具 WriteSonic 创建的人工智能聊天机器人 ChatSonic，它已经成为对话式人工智能市场中最具竞争力的 ChatGPT 替代品之一。ChatSonic 具备广泛的前沿特性及功能，可以帮助人们和组织更成功、更高效地进行互动。

事实上，ChatSonic 完全免费是它最重要的好处之一。对于任何正在寻找可信的人工智能对话平台的人而言，它都是一个非常可行和实惠的选择。ChatSonic 使用的人工智能技术旨在为客户咨询提供高质量的解决方案，以促成自然和简便的对话体验。ChatSonic 的用户界面非常直观，因而也易于设置和使用。聊天机器人所依托的人工智能技术在不断发展，确保它能与对话式人工智能领域的最新进展保持同步。因此，ChatSonic 能够提供一系列先进功能，包括自然语言处理、情感分析和个性化回应。

Jasper Chat

价格：5 天免费试用，之后 49 美元 / 月（入门计划）

Jasper Chat 是一项行业顶尖的人工智能技术，它的开发意图是要帮助广告和营销领域的企业发展其内容制作计划。这个强大的人工智能内容生成平台具有广泛的功能，这些功能是专门用于满足希望大规模生产线上内容的公司的需求的。

对于希望加快内容生产过程的企业来说，Jasper Chat 是一个很好的选择。因为相比于许多其他的 ChatGPT 选项，它只聚焦商业使用案例。企业可以使用 Jasper Chat 简单、快速地创建各种内容类型，包括广告、社交媒体字幕、视频脚本等。Jasper Chat 复杂的自然语言处理能力是它的主要优点之一。这些功能使平台能够生产出适合企业独特需求的高质量内容，同时确保最终产品的趣味性和功用性。

Character AI

价格：免费

Character AI 是一种人工智能工具，它可以让用户与电影、电视节目中的知名人物、公众人物以及名人的合成复制品进行交流。它所能提供的功能与其名称所描述的完全一致。你可以用它来快速创建属于自己的角色机器人，这是一个很酷的功能。一旦你为其指定了台词或划定了某种标准，它就能从庞大的文学和书面语言库中进行搜索，以确保人工智能机器人按照你的期望来发声。

Perplexity AI

价格：免费

Perplexity 是一种独特的人工智能聊天机器人，它的功能有点类似搜索引擎，但两者又有些差异。不同于谷歌等传统的搜索引擎，Perplexity 所提供的解决方案能将搜索到的最佳线上结果数据进行统合，并以一种精心组织的形式呈现出来。这个产品是由一个仅有 8 个人的小团队运行的，所以它的受众并不像其他的人工智能聊天机器人那么广泛。但它的功能还是很出色的，这使其成为 ChatGPT 的可靠替代品。

Perplexity 从派生资源中收集信息，并为用户提供解决方案，这是它区别于其他同类产品的主要特征之一。基于此，用户可以迅速确定平台提供给他们的信息是否合法并且可信。

▶ 从技术视角看

我们已经在技术概述部分讨论过，有些大型模型比 GPT 更为复杂，它们比 ChatGPT 更有能力执行其他各种任务。这样的高级模型包括以下几种。

1. BLOOM 是一个自回归大语言模型，它使用大规模的计算资源对大量的文本数据进行训练。这个令人印象深刻的 ChatGPT 替代方案的设计初衷是要从提示符中延续文本，并能以 46 种不同的语言和 13 种编程语言输出连贯的文本答复。它生成的文本非常先进，以至于将其生成的文本与人类编写的文本放置在一起，几乎难辨彼此。BLOOM 的主要优势之一是它能够执行尚未明确训练过的文本任务。这是通过将任务转换为文本生成任务来实现的，这一转换使 BLOOM 得以使用其庞大的知识库来生成相关且连贯的文本。这个功能令 BLOOM 成为一种极为通用的工具，使其可以广泛适应多种应用程序和行业需求。

2. PALM，又称路径语言模型。Pathways 架构的关键创新之一是多模态训练，它能在各种类型的数据上训练模型，包括视频、图片和文本。这将它与 GPT 等基于文本的模型区别开来。该模型的另一个重要贡献是使用了稀疏激活（sparse activation），在一个给定的任务中，它只会使用神经元的一个子集，这使它的运行性能更好，成本也更低。

3. OPT（Open Pre-trained Transformers，开放式预训练转换器）模型的零样本及少样本学习能力十分卓越，这一点与大语言模型形成了鲜明对比，因为后者通常要经过数 10 万个计算日的训练才能实现相同的效果。这些模型的计算成本十分高昂，如果没有大量资金，很难对其进行复制。少数模型虽可通过 API 接入，但未获得对完整模型权重的访问授权，因而难以对其进行研究。OPT 是一套仅包含解码器的预训练转换器，其参数范围是从 125M 到 175B。结果表明，OPT–175B 与 GPT–3 的性能相当，但其开发模型的碳足迹仅为 GPT–3 的 1/7。

还有许多更复杂、计算量更大的模型。例如谷歌的最新成员 BARD 也加入了这一行列，并成为对 ChatGPT 最具威胁性的竞争对手之一。BARD 提供了第一时间、高质量的回应，它将大语言模型的力量、智慧和创造力与广博的知识相结合，来对网络信息进行说明。现在，谷歌的模型和尖端的人工智能技术，如 LaMDA、PaLM、Imagen 和 MusicLM 均以此模型为基础，综合利用所有不同种类的模式，创造一个全新的高级人工智能生态系统。

识记要点

- 在市场研究领域，对话式人工智能作为一项新兴技术已经被讨论了一段时间，但即便到了现在，人工智能的功能仍然算不上是真正强大。
- ChatGPT 更大程度上是人工智能能够进行对话的一个例证，它表明这项将在未来塑造市场研究领域的技术目前已经可用了。
- ChatGPT 是一项在短时间内就取得空前成功的数字服务。
- 事实上，ChatSonic 完全免费是它最重要的好处之一。

第二十五章

生成式 AI 及 ChatGPT
在 G20 峰会上为印度提供的帮助

25

生成式 AI 和 ChatGPT 能够理解上下文并做出有意义的回答，因为它已经在书籍、论文和网页等大量的文本材料上接受过训练。生成式 AI 作为能适用于各种应用的灵活工具，包括语言翻译、问题回答、总结和文本完成。它能帮助人们回答问题、提出建议、创建报告，也能为人们提供多个领域的帮助，包括网络安全问题、客户服务、教育、医疗保健和金融。

▲ ChatGPT 在 G20 峰会上促进多语种间的交流

可创建多语种文本是 ChatGPT 的显著特点之一，这也使它成为可支持多语种的宝贵应用工具。它还可以针对特定任务和领域进行微调，这也有助于提升它的性能。

自新冠疫情肆虐以来，网络风险增加了近 80%。印度在 50 多个地区承办了 200 多场会议，其间涉及 32 个独立的工作流程。鉴于每个 G20 成员的国家领导人、工作人员及公民代表都将出席会议，所以印度本国广泛依赖数字技术来辅助参会人员的生活、工作、学习、信息获取及相互沟通。疫情前那样近距离的沟通模式可能将不复存在了，未来的日常生活将越来越多地通过虚拟连接及线上讨论的形式来实现。然而，随着我们对技术的依赖性逐渐增加，相关危机的制造者也将获得更多机会开展网络犯罪活动或传播虚假信息，这都会影响这场世界级峰会中的全球领导人的形象。这并不只是保卫印度免遭网络袭击那么简单。印度必须建立起强大的网络战略，以保护参会宾客免遭这些恶行的影响。而 GPT 是一种非常强大的工具，我们可以在各种情况下对其加以应用，以提升它在 G20 峰会期间对抗网络攻击的效率（图 25-1）。

图 25-1　G20 峰会议题

G20 峰会是重要的传媒活动，因此它可能会在某些方面受到网络攻击的影响。由于近年来不法分子越来越多地运用数字网络设置论坛并发表不当言论［匿名者、鲁安组织（Lulzsec）、红客联盟（Honker Union）、维基解密（Wikileaks）等黑客组织都在使用］，所以黑客攻击的话题也受到了越来越多的关注。

另一个主要问题：G20 汇集了来自不同语言和文化背景的国家领导人，他们彼此之间在语言沟通上的困难会极大地影响会议的质量。峰会设有相关论坛活动，供与会者就全球健康、商业和经济发展问题展开讨论并推动问题解决。要保证每个人都能充分参会、理解问题，并就最佳行动方案达成一致意见，有效的沟通是必不可少的。

G20 峰会并不会像许多人预想的那样遭受如下破坏

·虚假新闻传播：我们可能会看到抗议者与集会之间爆发公共冲突。某些圈子会略显窘迫地称呼激进黑客为"黑客活动家"，这类"活动家"通常会专注于破坏网站或泄露机密信息，进而博人眼球，吸引关注。正如那些攻击外国政府网站的人一样，这样做的目的是暴露大型政府组织在面对微如尘埃但又精明能干的网民时有多不堪一击（比如巴基斯坦黑客攻击印度政府网站，印度尼西亚黑客攻击澳大利亚网站）。

·网络钓鱼：对于任何稍微熟悉电子邮件用法的人来说，这是一个可以轻松避免的问题，也是互联网安全的组成部分之一。组织者们提到了"网络钓鱼"攻击的危险，认为这是 G20 峰会遭遇网络入侵的主要形式。

·恶意软件传播攻击：会议代表所使用的通信工具都可能通过链接、USB 或在充电期间感染恶意病毒，对更多设备产生影响。只要有一个人不够谨慎，就可能导致整个代表团都遭遇厄运。

·通过黑客入侵交通信号灯：红绿灯系统并不以专用的物理网络电缆为其通信架构，而是使用无线电传输。黑客会利用这一缺陷。

▶ 生成式 AI 和 ChatGPT 如何解决 G20 峰会中的网络问题

人工智能语言模型可以辅助完成一些与网络安全相关的任务，其中就包括协助印度在 G20 峰会期间抵御网络袭击。那么，它能从哪些方面提供帮助呢？

生成式 AI 和 ChatGPT 可以从各种来源（比如新闻文章、论坛以及社交媒体）收集和评估当前的威胁情报。它可以使用自然语言处理技术发现新的风险并告知印度当局。

生成式 AI 和 ChatGPT 可以辅助在 G20 峰会召开期间对已发生的网络安全问题事件做出响应。它可以检查日志文件，发现漏洞的存在迹象，并就如何控制和修复问题给出建议。

在 G20 峰会期间，生成式 AI 和 ChatGPT 可以帮助定位及排查信息系统存在的漏洞。它可以使用自然语言处理技术评估安全报告，并推荐纠正措施。

在 G20 峰会期间，生成式 AI 和 ChatGPT 可以帮助向人们介绍网络安全的最佳实践。它能为当局提供个性化的建议与培训，也能解答对方可能存在的有关网络安全的一切疑问。

生成式 AI 和 ChatGPT 会对过往数据进行分析，利用预测分析法来预测会议期间可能发生的潜在网络威胁。它可以利用机器学习技术发现指向危险的数据趋势及异常情况。

生成式 AI 和 ChatGPT 如何解决 G20 峰会中的沟通问题

在印度举行的 G20 峰会上，生成式 AI 和 ChatGPT 在解决语言理解问题方面提供了很大的帮助，其方式如下。

生成式 AI 和 ChatGPT 可以实时翻译文本和语音信息，促进会议上的多语种间的交流。这项技能可以提升来自不同国家、语言不通的代表间的互动与合作。

生成式 AI 和 ChatGPT 可以利用自然语言处理技术理解人类语言并对其做出反应。它可以通过有用和有效的沟通来帮助主办方支持及协助可能遇到语言问题的宾客。

ChatGPT 和生成式 AI 可以通过检查文本和音频内容来确定人们当前的情绪状况。这项技能可以帮助当局评估与会者的态度和意见，并做出恰当的反应。

ChatGPT 和生成式 AI 能够进行实时的语音识别和转录。这项技能可能有助于参会者捕获峰会谈话和见解中的重要信息。

ChatGPT 和生成式 AI 可以根据特定参会者的要求来定制服务，用他们喜欢的语言为他们提供专门的帮助与支持。

▶ 结论：人工智能及 ChatGPT 如何促进 G20 峰会中的网络安全

G20 峰会对世界各国间的包容性、理解性、代表性、谈判及辩论等方面均具有重要的全球性影响。生成式 AI 和 ChatGPT 可能是印度当局加强会议间网络安全、确保峰会成功地解决当今国家所面临的全球性问题的一个有用工具。它除了能使用预测性分析来预见可能的威胁，还能提供实时的威胁情报，帮助进行事件响应，发现漏洞，提供启示。

识记要点

- 印度必须建立起强大的网络战略，以保护参会宾客免受网络恶行的影响。
- 人工智能语言模型可以辅助完成一些与网络安全相关的任务，其中就包括协助印度在 G20 峰会期间抵御网络袭击。

第二十六章

GPT-4

26

最近，OpenAI 公布了 GPT-4 的情况。这一新系统的问世代表着自然语言处理领域的重大进步，而该产品在功能及性能上的表现预计也会超过其前身 GPT-3。据 OpenAI 称，GPT-4 是其迄今为止所开发过的最为先进的系统，GPT-4 的开发意图不仅是要提供更准确、更丰富的信息，而且是要提升信息的安全性和功用性。这意味着该系统要优先生成对用户有益且有帮助的回应，同时还要减少生成有害或误导性信息的风险。目前，ChatGPT Plus 的用户可以通过 API 接入系统并使用这个版本。它是一种能够接受图像和文本形式的输入，并生成文本形式输出的多模态模型。

▶ GPT-4 的技术功能

GPT-4 的问世是 OpenAI 努力扩展深度学习领域的一个里程碑。GPT-4 是一个大型的多模态模型，它能接受图像和文本形式的输入并生成文本形式的输出，也在各种专业及学术基准测试上展现出了与人类相当的性能，尽管其在许多现实场景中的表现仍逊于人类。例如，它在模拟司法考试中的通过率排在所有应试者的前 10%，而 GPT-3.5 的排名大概在后 10%。开发者利用对抗性测试项目和在 ChatGPT 上的经验对 GPT-4 进行了为期 6 个月的反复调整，使其在事实性、可引导性和拒绝越轨方面都具备了前所未有的理想性能（尽管还远不算完美）。

GPT-4 经过了几种全球性基准测试的考验，也接受了最近出版的考试和奥林匹克测试的检验。它在许多考试中都表现得非常好，且多数结果均

优于 GPT-3.5（图 26-1）。

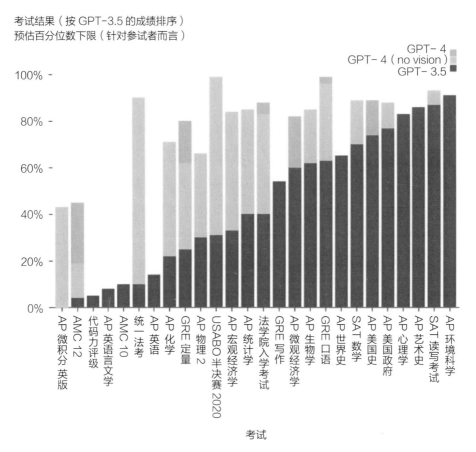

图 26-1　GPT-4 在学术和专业考试中的表现比较（来源：GPT-4 技术文件）
　［注：AP：美国大学先修课程，Advanced of Placement / AMC：美国数学竞赛，American Mathematics Competition / USABO：美国生物奥赛，USA Biology Olympiad / GRE：留学研究生入学考试，Graduate Record Examination / SAT：（美）学业能力倾向测验，又称美国高考，Scholastic Aptitude Test］

　　GPT-4 再次针对一些最先进的代码语言模型进行了验证，这些模型可能包括针对特定基准的定量程序或额外的训练协议。GPT-4 的表现几乎明显优于其他模型（表 26-1）。

表26-1　GPT-4 与一些模型在相同基准上的性能对比（来源：GPT-4 技术文件）

	GPT-4 评估少样本	GPT-3.5 评估少样本	LM SOTA 最佳外部模型 评估少样本	SOTA 最佳外部模型（包含特定基准 微调）
MMLU[43] 针对 57 门学科的多选 问题（专业＆学术）	86.4% 5-sbot	70.0% 5-shot	70.7% 5-shot U-PaLM[44]	75.2% 5-shot Flan-PaLM[45]
HellaSwag[46] 针对日常事件的常识 性推理	95.3% 10-sbot	85.5% 10-sbot	84.2% LLaMA(validation set)[28]	85.6% ALUM[47]
AI2 Reasoning Challenge(ARC)[48] 小学多选科学问题	96.3% 25-sbot	85.2% 25-sbot	85.2% 8-sbot PaLM[49]	86.5% ST-MOE[18]
WinoGrande[50] 有关代词解析的常识 性推理	87.5% 5-sbot	81.6% 5-sbot	85.1% 5-sbot PaLM[3]	85.1% 5-sbot PaLM[3]
HumanEval[37] Python 编码任务	67.0% 0-sbot	48.1% 0-sbot	26.2% 0-sbot PaLM[3]	65.8% CodeT+GPT-3.5[51]
DROP[52](F1 score) 阅读理解＆算术	80.9% 3-sbot	64.1% 3-sbot	70.8% 1-sbot PaLM[3]	88.4% QDGAT[53]
GSM-8K[54] 小学数学问题	92.0%* 5-sbot chain-of-thought	57.1% 5-sbot	58.8% 8-sbot Minerva[55]	87.3% Chinchilla+SFT+CRM- RL,ORM reranking[56]

一些使用案例

GPT-4 似乎已经超越了现有 ChatGPT 3.5 版本的功能预期。它在高级推理方面的能力似乎超过了 ChatGPT（图 26-2），因为开发者在博客中展示的一个例子已经证明了它有更优的正确性：

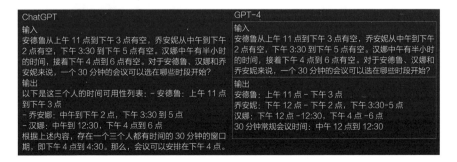

图 26-2　GPT 相对于 ChatGPT 的高级推理能力（来源：OpenAI 博客）

有了新的多模态能力的加持，GPT-4 还可以具备视觉可读性，可以通过视觉推理从图片中提取逻辑。它甚至可以非常完美地执行视觉问答（VQA）任务，其能力与回答文本数据类似（图 26-3）。

用户：　该图哪些部分显得滑稽？逐图做出解释。

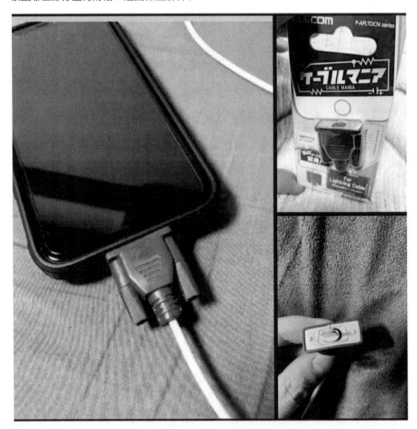

GPT-4：该图片由 3 张图片拼接而成，展示的是一个"闪充电缆"适配器的三个不同侧面。
图片 1：一个有 VGA 接口的智能手机（一个大的，蓝色的，15 针的接口，通常用于电脑显示器）。
图片 2："闪充电缆"适配器的包装，上面有 VGA 连接器的图片。
图片 3：VGA 接口的特写，尾部有一个小型闪充接口（用于给苹果手机和其他苹果设备充电）。
这幅图的幽默之处在于，它把一个又大又过时的 VGA 接口插到一个又小又现代的智能手机充电口上，真是太荒谬了。

图 26-3　GPT-4 执行视觉问答（VQA）逻辑任务（来源：GPT-4 技术文件）

▶ GPT-4 安全和伦理问题

开发团队花了整整 6 个月的时间来专门研究如何才能使 GPT-4 更安全、更自洽。OpenAI 的内部评估表明：相比于 GPT-3.5，GPT-4 对未被许可的内容请求的回应率降低了 82%，而生成事实性回应的可能性则提高了40%。开发者将更多的人类反馈（包括由 ChatGPT 用户所提交的反馈）纳入了 GPT-4 当中，以便改进其行为模式。此外，还有 50 多位专家曾为人工智能安全保障领域的工作提出过早期反馈。从旧版模型的实际应用中吸取的教训已被应用到 GPT-4 的安全研究和检测系统中，并对模型的不断改进做出了贡献。与 ChatGPT 类似，随着 GPT-4 的用户越来越多，系统将定期对其进行更新与改进。GPT-4 可以辅助创建用于模型微调的训练数据，而分类器则通过训练、评估和检测实现迭代。

总而言之，GPT-4 模型还有待市场和领域专家对其进行进一步探索。一些组织已经针对 GPT-4 展开了合作，并创建了一些创新产品。许多相关技术细节还有待披露和探索。世界正热切盼望着 GPT-4 能够完全发挥其潜力，并将其全部技能应用到各行各业之中。

识记要点

● 这一新系统的问世代表着自然语言处理领域的重大进步，而该产品在功能及性能上的表现预计也会超过其前身 GPT-3。

● 据 OpenAI 称，GPT-4 是其迄今为止所开发过的最先进的系统。这一系统的开发意图不仅是要提供更准确、更丰富的信息，而且是要提升信息的安全性和功用性。

● GPT-4 是一个大型的多模态模型，它能接受图像和文本形式的输入并生成文本形式的输出，也在各种专业及学术基准测试上展现出了与人类相当的性能，尽管其在许多现实场景中的表现仍逊于人类。

- GPT-4 甚至可以非常完美地执行视觉问答（VQA）任务，其能力与回答文本数据类似。
- GPT-4 模型还有待市场和领域专家对其进行进一步探索。

第二十七章

ChatGPT 的未来展望

27

作为由 OpenAI 训练的语言模型，ChatGPT 已被证明是可广泛运用于各个领域的强大工具。然而，对其功能的开发与扩展仍存有很大空间。ChatGPT 可在未来大放异彩的一个领域就是整个自然语言生成领域。随着语言模型的不断发展，它生成连贯、有意义的文本的能力也越来越强。而历经了大规模训练、培养出了理解复杂语言结构能力的 ChatGPT 则完全有能力应对这一挑战。随着该模型的进一步发展与完善，它将成为一种极有价值的工具，可以帮助各领域从业者生成高质量、针对特定语境的语言内容，包括市场营销，甚至创意写作以及本书之前提过的其他领域的不同应用和使用案例。不过，虽然它在整个生成过程中的表现十分亮眼，但也有一定限制。

· 我们观察到，ChatGPT 无法在某些场合下针对问询做出准确的回应，因而导致其功能受限。由于它无法理解和适应特定的问询，所以它可能会生成不相关或不正确的答复。

· ChatGPT 可能会给出一些符合逻辑并且匹配语境，但缺乏诸如常识或背景知识之类的不符合人类特征的回答。它只能依据在训练数据中学习到的模式来回答问题，但无法使其匹配人类的直觉与思维过程。

· 诸如 ChatGPT 这样的人工智能模型可能会无意识地复制或放大训练数据中存在的偏见。这可能会导致有所偏颇的结果，并产生针对特定人群的不公或歧视现象。此外，ChatGPT 所运用的训练数据在时效性上只截至 2021 年，且至今仍未更新。

· ChatGPT 有时可能很难完全理解特定问询的语境和其间存在的细微差

别，这会使它做出不相关或不准确的回应。尽管它能根据自己在训练数据中所认知到的模式和关联来生成反应，但它不具备像人类那样的推理和批判性思考能力。

· ChatGPT 不具备情感智能，也无法像人类那样识别或回应情绪。

因此，完全依赖或信任这一人工智能模型可能会为你带来风险，因为它未必总能给出可靠并准确的结果。在使用 ChatGPT 所提供的信息时，建议使用其他可靠的来源对其进行验证。

但无可争议的一点：它颠覆了时代，并带领人们走进了生成式 AI 和对话式人工智能的新天下。因此，对于纠正和依据 GPT 的若干层面进行即兴创作，用户和行业仍是心怀期待的。

ChatGPT 的自然语言处理和个性化潜能

ChatGPT 之所以潜力巨大，正是因为其分析和理解人类语言的能力。随着人类与技术之间的互动越来越自然并且更倾向于对话的形式，许多应用程序都将理解和回应人类语言的能力作为其技术开发的关键特征。ChatGPT 凭借其对自然语言的深入理解进入了广泛的、更为直观且响应迅速的对话界面开发领域，其应用涵盖从客服机器人到个人助理的各个方面。

除此之外，ChatGPT 还能为特定行业或领域开发更复杂、更细致的语言模型。比方说，在医学领域，ChatGPT 可在大量的医学文献和临床数据上进行训练，进而开发一个能够理解和生成高度准确及特异性的医学语言的语言模型。同样的，在法律领域，ChatGPT 可以以法律文本和判例法作为训练素材来开发一个能够提供法律分析及建议的语言模型。这些内容在本书之前的内容中已经做过讨论。

ChatGPT 的另一个激动人心的潜力领域是个性化语言模型的开发。ChatGPT 可以从海量文本数据中学习，根据个人用户的语言模式和偏好进行训练，使其能够生成个性化的回应和建议。这在个性化营销和广告领域可能特别有用，ChatGPT 可以针对特定的个人或群体生成有针对性的语言和信息。

总的来说，ChatGPT 在未来大有可为，其在广泛的行业及领域中都可发挥潜力。随着模型相关技术的进一步发展和完善，ChatGPT 有可能成为一个越来越强大的自然语言处理、分析及生成工具。

识记要点

- 作为由 OpenAI 训练的语言模型，ChatGPT 已被证明是可广泛运用于各类应用的强大工具。

- ChatGPT 之所以潜力巨大，正是因为其分析和理解人类语言的能力。

- ChatGPT 凭借其对自然语言的深入理解进入了广泛的、更为直观且响应迅速的对话界面开发领域，其应用涵盖从客服机器人到个人助理的各个方面。

- ChatGPT 的另一个激动人心的潜力领域是个性化语言模型的开发。

- 总的来说，ChatGPT 在未来大有可为，其在广泛的行业及领域中都可发挥潜力。

- 随着模型相关技术的进一步发展和完善，ChatGPT 有可能成为一个越来越强大的自然语言处理、分析及生成工具。